Jürgen Krimmling, Birgit Jaekel und Martin Lehnert (Hg.)

Aspekte der Verkehrstelematik – ausgewählte Veröffentlichungen 2013



TUDpress

**Verkehrstelematik | 4**

Hg. von Jürgen Krimmling und Martin Lehnert

Technische Universität Dresden
Fakultät Verkehrswissenschaften „Friedrich List“
Institut für Verkehrstelematik
Lehrstuhl für Verkehrsleitsysteme und -prozessautomatisierung
Prof. Dr.-Ing. Jürgen Krimmling
Tel.: +49 351 463-36784
E-Mail: Juergen.Krimmling@tu-dresden.de
http://tu-dresden.de/vlp

J. Krimmling, B. Jaekel und M. Lehnert (Hg.)

# Aspekte der Verkehrstelematik – ausgewählte Veröffentlichungen 2013

TUDpress
2014

Bibliografische Information der Deutschen Nationalbibliothek
Die Deutsche Nationalbibliothek verzeichnet diese Publikation in der Deutschen Nationalbibliografie; detaillierte bibliografische Daten sind im Internet über http://dnb.d-nb.de abrufbar.

Bibliographic information published by the Deutsche Nationalbibliothek
The Deutsche Nationalbibliothek lists this publication in the Deutsche Nationalbibliografie; detailed bibliographic data are available in the Internet at http://dnb.d-nb.de.

ISBN 978-3-944331-73-7


Verlag der Wissenschaften GmbH
Bergstr. 70 | D-01069 Dresden
Tel.: 0351/47 96 97 20 | Fax: 0351/47 96 08 19
http://www.tudpress.de


Gesetzt vom Autor.
Printed in Germany.

# Vorwort

Eine Reihe von intermodalen Forschungsthemen und ihre praktischen Anwendungen haben das wissenschaftliche Leben der Professur für Verkehrsleitsysteme und -prozessautomatisierung an der Fakultät Verkehrswissenschaften „Friedrich List" der Technischen Universität Dresden 2013 geprägt.

Die erfolgreiche Inbetriebnahme des Fahrerassistenzsystems zum energiesparenden Fahren auf den Zügen des Harz-Elbe-Express führte zu einer Reduzierung des Dieselverbrauchs um ca. 5 %. Mitarbeiter des Lehrstuhls waren an der Entwicklung dieses Systems ebenso beteiligt, wie an der Entwicklung eines Fahrerassistenzsystems für Straßenbahnen. In Verbindung mit kooperativen Lichtsignalanlagen führt die Fahrerassistenz im ÖPNV nicht nur zur Reduktion des Traktionsenergieverbrauchs, sondern durch ein gleichmäßigeres Fahrregime zur Verringerung der Fahrzeit und zur Erhöhung des Fahrkomforts.

Das Verkehrsmanagementsystem VAMOS wurde durch eine weitere Komponente bereichert. Durch das Elbebrückeninformationssystem erfährt der Nutzer, welche Elbebrücke aktuell überstaut ist und auf welcher er die Elbe staufrei passieren kann.

Wissenschaftlicher Höhepunkt war 2013 die vom Lehrstuhl organisierte dritte internationale Konferenz „Models and Technologies for Intelligent Transportation Systems (MT-ITS)". Diese Konferenz fand in Verbindung mit der 9. ViMOS-Tagung Anfang Dezember statt und wurde von ca. 300 Besuchern aus dem Inland, dem europäischen und dem nicht europäischen Ausland besucht. Die Vorträge, in denen sich u. a. auch die oben genannten Themen widerspiegeln, sind in einem separaten Band der Schriftenreihe erschienen. An dieser Stelle möchte ich mich beim Organisationsteam um Herrn Dr. Albrecht und Frau Müller ganz herzlich bedanken.

Der vorliegende 4. Band der Schriftenreihe „Verkehrstelematik" umfasst daher ausgewählte Veröffentlichungen, die außerhalb der MT-ITS erschienen sind und die einen Einblick in die Forschungslandschaft des Lehrstuhls geben. Darin spiegelt sich die interdisziplinäre Ausrichtung des Lehrstuhls wider, die von betrieblichen Anforderungen des Eisenbahnverkehrs (Fahrerassistenz, operatives Verkehrsmanagement) über die multimodale Simulation bis zur Verkehrslageermittlung und zum Verkehrsmanagement im Straßenverkehr reicht.

Erfolgreiche Forschungsergebnisse fließen direkt in die universitäre Lehre ein, so dass das umfangreiche Angebot an Lehrveranstaltungen ständig aktualisiert und weiterentwickelt wird. Acht abgeschlossene Studien- und Diplomarbeiten zeigen das Interesse der Studierenden an diesem Angebot. Besonders erfreulich ist, dass neben den als Gutachter, Prüfer und Beisitzer begleiteten Dissertationen, die Habilitationsschrift von Dr. Döge erfolgreich verteidigt wurde.

Ich wünsche Ihnen, liebe Leserinnen und Leser, viel Spaß beim Durchstöbern der vorliegenden Ausgabe 4 „Verkehrstelematik" und stehe mit meinem ganzen Team für Forschungsfragen und weitere Informationen gern zur Verfügung.

Dresden im Juni 2014 Prof. Dr.-Ing. Jürgen Krimmling

# Inhaltsübersicht

# Projekt ON-TIME: Ansätze für ein modularisiertes Verkehrsmanagement bei Eisenbahnen

**Thomas Albrecht**
Technische Universität Dresden

Dieser Beitrag wurde veröffentlicht in: EIK - Eisenbahningenieurkalender 2014: Jahrbuch für Schienenverkehr & Technik. Hamburg: DVV Media Group, 2013, S. 279–288.

## 1 Motivation

Im europäischen Eisenbahnnetz wird für die nächsten Jahre mit einer wachsenden Verkehrsnachfrage gerechnet, die u. a. durch häufigere Zugfahrten gedeckt werden muss. Dadurch werden die negativen Auswirkungen bestehender Kapazitätsengpässe für das Gesamtnetz zunehmen, gleichzeitig wird die Entstehung neuer Kapazitätsengpässe erwartet. Zugleich steigen auch die Anforderungen der Kunden (Fahrgäste, Logistikunternehmen) an die Verkehrsqualität – insbesondere werden kurze Reisezeiten bei hoher Zuverlässigkeit erwartet. Kurz- bis mittelfristig lassen sich diese Anforderungen nur durch innovative Ansätze im Verkehrsmanagement lösen. Seit einigen Jahren werden Verfahren der Konflikterkennung und -lösung in der Fachliteratur beschrieben [DAr09; Pel12; Che10]. Zunehmend können diese Verfahren Szenarien von praktischer Relevanz in akzeptabler Zeit behandeln, dennoch sind sie bei den europäischen Eisenbahnen praktisch nicht im Einsatz, was vor allem daran liegt, dass existierende Systeme der Betriebsleittechnik meist monolithisch aufgebaut und damit kaum erweiterbar sind. Außerdem ist die Überführung von theoretischen Ansätzen in die Praxis ohne Abschätzung des erzielbaren Nutzens wirtschaftlich schwer darstellbar und weist unternehmerisch für ein einzelnes Bahnunternehmen ein hohes Risiko auf.

Vor diesem Hintergrund hat ein Konsortium bestehend aus den national agierenden Eisenbahninfrastrukturmanagern Deutschlands (DB Netz), Großbritanniens (Network Rail), Schwedens (Trafikverket), Frankreichs (SNCF / RFF), Italiens (RFI) und 14 Partnern aus Forschung und Industrie erfolgreich das Projekt „Optimal Networks for Train Integration Management in Europe (ON-TIME)“ zur Förderung im 7. Forschungsrahmenprogramm der EU beantragt und bewilligt bekommen.

Ziel des Projekts ist die Entwicklung und Erprobung eines Systemdesigns für Verkehrsmanagement im Eisenbahnbetrieb basierend auf standardisierten Schnittstellen. Damit sollen

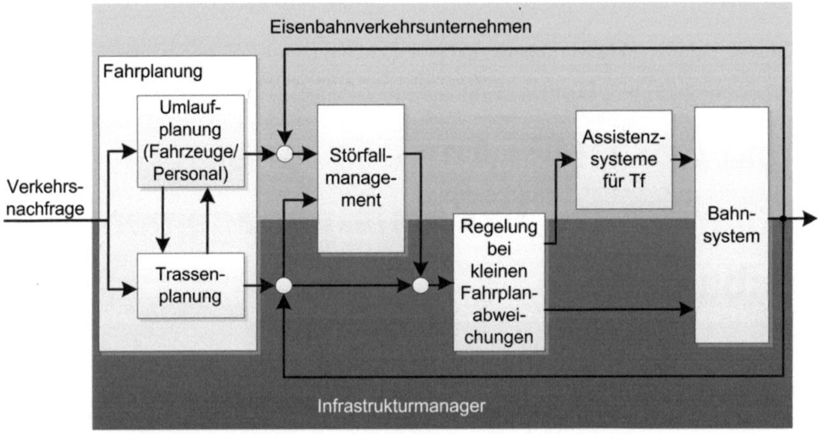


**Abbildung 1:** Aufgaben in Fahrplanung und Verkehrsmanagement als Regelkreis.

Verkehrsleitsysteme und insbesondere deren streckenseitig verbaute Komponenten möglichst langfristig nutzbar werden. Die Verfahren jedoch, die die erfassten Daten verarbeiten und Lösungen für die bestmögliche Disposition gewährleisten sollen, können je nach Entwicklungsstand der Rechentechnik flexibel angepasst und ersetzt werden, wodurch das Risiko von Fehlinvestitionen deutlich verringert werden kann.

Im vorliegenden Beitrag soll in Abschnitt 2 der Gesamtansatz des Projekts vorgestellt werden.

In den Abschnitten 3 und 4 wird die maßgeblich durch die TU Dresden mitgestaltete Systemarchitektur für die Echtzeitregelung des Betriebs bei kleinen Fahrplanabweichungen beschrieben, wie sie sowohl durch rein infrastrukturseitige Steuereingriffe (beschrieben in Abschnitt 3) als auch durch Zusammenwirken von Fahrweg- und Zugsteuerung realisiert durch Assistenzsysteme für Lokführer (Abschnitt 4) umgesetzt werden kann. Der Artikel schließt mit einer Zusammenfassung und der Beschreibung der Demonstrationsszenarien in Abschnitt 5.

## 2 Gesamtansatz des Projekts

Verkehrssteuerung kann als Regelkreis verstanden werden [Lüt07], für das Projekt ON-TIME wurde der in Abbildung 1 dargestellte Ansatz gewählt. Die einzelnen Aufgaben verteilen sich wie folgt auf Eisenbahninfrastrukturunternehmen (EIU) und Eisenbahnverkehrsunternehmen (EVU).

Ausgangsbasis für die Fahrplanung als erstem Prozessschritt ist das prognostizierte Verkehrsaufkommen, dem durch die EVU mit Fahrzeugen und Personal auf den Trassen der IM ein angemessenes Angebot gegenüber gestellt werden soll, konkret: Welche Verkehrsleistungen (Zugkompositionen) sollen wie oft auf welcher Route und mit welchen geplanten Zwischenhalten gefahren werden? Im Projekt wird hauptsächlich der Prozess der Trassen-planung der IM (für vorgegebenes Rollmaterial) betrachtet. Dabei wird insbesondere die Kombination aus langfristiger Planung von vertaktetem Personenverkehr und kurzfristiger Planung von Güterverkehrstrassen untersucht.

Ein Ergebnis des Planungsprozesses ist der üblicherweise in Minutengenauigkeit angegebene makroskopische kommerzielle Fahrplan, der auch den Geschäftsbeziehungen zwischen IM und EVU sowie EVU und deren Endkunden (Fahrgästen, Logistikunternehmen) zugrunde liegt, d. h. auf dessen Basis Verspätungspönale berechnet werden. Das Ergebnis des gesamten Planungsprozesses (einschließlich Umlaufplanung für Personal und Fahrzeuge) wird als Eingangsgröße für die Verfahren der Echtzeit-Betriebsoptimierung genutzt.

Diese Echtzeitoptimierung wird als dreistufiger Prozess verstanden. In der Prozessstufe zur Behandlung großer Störungen – z. B. Störungen von Fahrzeugen oder Infrastruktur, umfangreiche Streckensperrungen – können der kommerzielle makroskopische Fahrplan und die Umlaufpläne angepasst werden. Dies ist nur bei intensiver Kommunikation zwischen EIU und EVU möglich und kann z. B. großräumige Umleitungen, das Entfallen oder Hinzufügen kommerzieller Halte, das Einkürzen von Zugfahrten oder den Einsatz von Ersatzzügen umfassen. Auf dieser Prozessstufe werden Verfahren zur Unterstützung des handelnden Personals vorgeschlagen, mit denen z. B. verschiedene Varianten der Störungsbehandlung simuliert und deren Wirkungen abgeschätzt werden können. Auf der Prozessstufe zur Behandlung kleiner Abweichungen im Betriebsablauf können Zugreihenfolge oder Fahrwege in Bahnhöfen, Überhol- und Kreuzungsvorgänge sowie die Gleiswahl auf mehrgleisigen Strecken geändert werden, so dass Verspätungen einzelner Züge und daraus resultierende Folgeverspätungen so weit wie möglich reduziert bzw. vermieden werden. Diese Entscheidungen obliegen praktisch allein dem EIU und sollen weitestgehend automatisch umgesetzt werden.

Die Lösung von Anschlusskonflikten wird bei den europäischen Bahnen unterschiedlich behandelt. Im Projekt liegt der Fokus auf Szenarien eng vermaschter Netze mit dichter Zugfolge wie z. B. in den Niederlanden oder der Schweiz, wo Entscheidungen über das Warten auf Anschlusszüge bei kleinen Verspätungen durch den IM getroffen werden können. Die hier eingesetzten Verfahren lassen sich auch nutzen, wenn die EVUs in die Warteentscheidung einbezogen sind.

Der innerste Regelkreis der Optimierung und damit die dritter Prozessstufe der Echtzeitregelung dient zur Vermeidung von Rothalten durch das sogenannte Biegen von Trassen, d. h. die aktive Steuerung der Geschwindigkeit der Züge. Hierfür müssen den Fahrzeugführern (der EVU) Fahrempfehlungen oder Informationen zur Betriebslage durch die IM bereitgestellt werden. Für das Zusammenwirken der verschiedenen Teilsysteme – die den Prozessstufen entsprechen – werden die Prinzipien der serviceorientierten Softwarearchitektur angewandt. Dafür werden standardisierte Schnittstellen und Nachrichten definiert, über die die zu entwickelnden Softwaresysteme miteinander kommunizieren. Ein wichtiger Bestandteil für eine solche Architektur ist die Verfügbarkeit einheitlicher Daten über das Bahnnetz und die darauf verkehrenden Züge. Dazu zählen Streckendaten (u. a. zulässige Höchstgeschwindigkeiten einschließlich signalbedingter Geschwindigkeiten und Langsamfahrstellen, Halteorte, Neigungen, Bögen), Zugdaten (u. a. Antriebs-, Brems- und Ausrollverhalten,

Zuglängen und -massen) sowie Daten der Leit- und Sicherungstechnik (u. a. Fahrstraßenlogik, Signalbegriffe).

Innerhalb des Projekts wird hierfür das seit mehr als 10 Jahren im praktischen Einsatz für den Datenaustausch zwischen Fahrplanungs- und Simulationssoftware bewährte Format railML [RML13] in der aktuellen Version 2.2 für die Strecken- und Zugdaten genutzt. Gemeinsam mit Vertretern der Bahnindustrie wurde im Konsortium ein erster Entwurf für die Darstellung der Daten der Leit- und Sicherungstechnik erstellt und eingesetzt (Schema „railML interlocking"), der in zukünftige Versionen des Formats einfließen soll.

# 3 Echtzeitsteuerung bei kleinen Abweichungen im Betriebsablauf

Für das Echtzeitmanagement bei kleinen Abweichungen vom Betriebsablauf werden folgende Annahmen getroffen:

- Der aktuell gültige makroskopische kommerzielle Fahrplan muss bestmöglich (d. h. mit möglichst geringer Verspätung) eingehalten werden, alle dort definierten Halte müssen bedient werden, der Fahrweg des Zuges darf nur innerhalb von Bahnhöfen sowie paralleler Gleise von Strecken geändert werden.

- Fahrzeug- und Personalumlaufpläne gelten als Randbedingungen und müssen eingehalten werden.

## 3.1 Wichtige Datenstrukturen

### Mikroskopischer Echtzeitfahrplan (engl.: Real-time traffic plan, Abkürzung RTTP)

Der Echtzeitfahrplan besteht aus einem die Fahrwege und Reihenfolge der Züge betreffenden Teil (engl.: Routing part), einem zeitlichen Teil (engl.: Timing part) sowie einem Teil, in dem Zughalte spezifiziert sind (engl.: Stopping part).

Die Fahrwege der Züge sind fahrstraßengenau hinterlegt. Für jede Fahrstraße bzw. Fahrstraßenelement wird die Reihenfolge definiert, in der diese durch die einzelnen Zugfahrten angefordert und belegt werden. Diese räumlichen und reihenfolgebezogenen Informationen werden ergänzt durch zeitliche Informationen, d. h. die prognostizierten bzw. geplanten Zeiten, wann ein Zug die entsprechenden Abschnitte belegen wird. Für die Angabe prognostizierter Ankünfte und Abfahrten an planmäßigen Halten kann die Nutzung von Zeiten der Fahrwegbelegung zu ungenau sein, deshalb werden zusätzlich genaue Halteorte (innerhalb der Gleisfreimeldeabschnitte), An- und Abfahrtszeiten sowie – wenn vorhanden – eine Querbeziehung zum dazugehörigen kommerziellen Halt im Zughalt-spezifischen Teil des Echtzeitfahrplans beschrieben.

**Zuglaufkorridor (engl.: Train path envelope)**

Ein Zuglaufkorridor wird für definierte Orte entlang einer Zugfahrt bestimmt, dies können Signale, Zugschlussstellen sowie gewöhnliche Halteorte sein. Für jeden dieser Punkte werden Zeitbedingungen festgelegt, die durch den Zug einzuhalten sind, dies sind Bedingungen der „frühesten erlaubten Vorbeifahrt" oder „spätesten tolerierten Vorbeifahrt". Beide Zeitbedingungen können praktisch auch gleich sein, wodurch sich die genaue Zeit der Vorbeifahrt ergibt. Optional können geforderte Mindest- und Maximalgeschwindigkeiten festgelegt werden. Mit diesem Konzept soll die Schnittstelle zwischen der netzbezogenen Optimierung des Verkehrsflusses und der zugbezogenen Optimierung der Fahrweise dargestellt werden.

## 3.2 Wichtige Funktionen und deren Zusammenwirken

Das für die Behandlung kleiner Fahrplanabweichungen zu schaffende Optimierungssystem muss vier Hauptaufgaben lösen, die jeweils als unabhängige Module verstanden und implementiert werden sollen.

Das Modul der Verkehrszustandserfassung sammelt alle Daten zur Bewegung von Zügen sowie zur Reservierung, Belegung und Freigabe der Infrastruktur, um diese den anderen Modulen zur Verfügung zu stellen. Dabei sollen Daten verschiedener Quellen (streckenseitig, zugseitig) aggregiert und zusätzliche Zustandsdaten generiert werden. Beispielsweise wurde hier ein Verfahren zur Rekonstruktion von Geschwindigkeitsprofilen aus Gleisabschnittsbelegungszeiten zur Echtzeitfähigkeit weiterentwickelt, das bislang offline zur Betriebsanalyse genutzt wurde [Alb09]. Das Modul ist ebenfalls dafür verantwortlich, zwischen dem Zeitpunkt der letzten Zustandserfassung (für jeden Zug) und dem Abruf der Information (für alle Züge) eine Kurzzeitprognose für die Zustandsdaten durchzuführen.

Das Modul zur Konflikterkennung und -lösung stellt den Kern des Optimierungssystems dar. Der prinzipielle Ablauf ist in einem vereinfachten SysML-Diagramm in Abbildung 2 dargestellt und soll im Folgenden detailliert beschrieben werden.

Das Modul wird im Normalfall zyklisch aufgerufen und prognostiziert zunächst ausgehend vom aktuellen Verkehrszustand die erwarteten Zeit-Weg-Verläufe der Züge im Netz sowie die daraus resultierenden Gleis- und Fahrstraßenbelegungs- und -freigabezeiten. Dabei werden die aktuell geltenden Zugreihenfolgen und -fahrwege (aus dem mikroskopischen Echtzeitfahrplan), die Bedingungen der Anschlusssicherung, der Umlaufplanung (Fahrzeuge, Personal) sowie die Abfahrtsbedingungen aus dem kommerziellen makroskopischen Fahrplan berücksichtigt. Aus den ermittelten Zeiten wird im Schritt der Konflikterkennung geprüft, ob es zu Gleisbelegungskonflikten kommt. Für alle ermittelten Konflikte wird im Schritt der Konfliktlösung geprüft, ob durch Änderung der Fahrwege oder der Reihenfolge der Züge auf einzelnen Fahrwegelementen die Verspätung im Netz reduziert werden kann. Dabei sollen verschiedene Algorithmen der am Projekt beteiligten akademischen Partner zum Einsatz kommen, z. B. die Verfahren „ROMA" (TU Delft, [DAr09]) und „RECIFE" (IFSTTAR, [Pel12]). Mit diesen Verfahren wird dann ein neuer mikroskopischer Echtzeitfahrplan erzeugt. Mit den im – geänderten oder originalen – Echtzeitfahrplan vorliegenden Ankunfts- und Abfahrtszeiten wird nun im

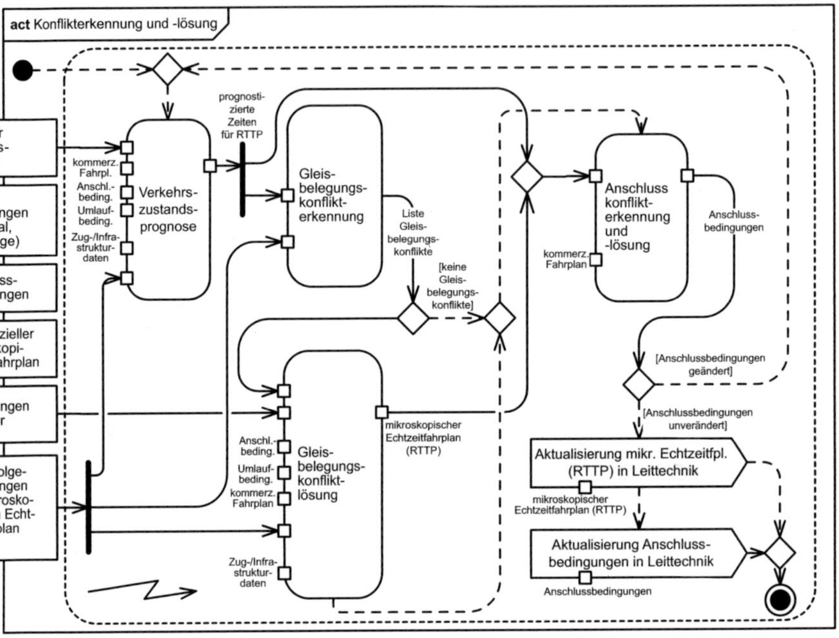


**Abbildung 2:** Darstellung des Ablaufs der Konflikterkennung und -lösung als SysML-Aktivitätsdiagramm.

Schritt der Anschlusskonflikterkennung geprüft, ob und welche Anschlussbedingungen (der Form Zug 1 wartet an Halt A auf Zug 2) zu betrieblich relevanten Folgeverspätungen führen. Existieren solche Anschlusskonflikte, wird im folgenden Schritt der Anschlusskonfliktlösung geprüft, ob durch Brechen dieser Anschlüsse die Gesamtfahrgastverspätung reduziert werden kann (In Abbildung 2 sind die Prozesse der Anschlusskonflikterkennung und -lösung vereinfachend zusammengefasst). Wird ein Anschluss gebrochen, kann dies erhebliche betriebliche Auswirkungen auf andere Züge haben. Deshalb wird mit den neuen Anschlussbedingungen noch einmal der komplette Funktionszyklus (beginnend mit der Verkehrszustandsprognose) gestartet. Erst wenn eine stabile Lösung für Reihenfolge und Fahrwege der Züge sowie die Anschlüsse gefunden wurde, werden beide Ergebnisse an die Leittechnik übermittelt.

Die Funktion der Konflikterkennung und -lösung wird ebenfalls aufgerufen, wenn ein Streckenelement blockiert ist und nicht für weitere Zugfahrten zur Verfügung steht. In einem solchen Fall werden sofort alle gerade laufenden Berechnungen unterbrochen (symbolisiert durch den Blitz im SysML-Diagramm) und für alle über das entsprechende Element geplanten Zugfahrten alternative Laufwege ermittelt. Fahrten, für die unter den gegebenen Randbedingungen z. B. keine Laufwege existieren, mit denen alle ursprünglichen geplanten Halte bedient werden können, werden direkt an das Teilsystem zur Behandlung großer Störungen übergeben.

Das dritte Modul auf dieser Prozessstufe dient zur Ermittlung des Zuglaufkorridors und wird zyklisch sowie immer dann ausgeführt, wenn sich Reihenfolge oder Fahrwege der Züge im mikroskopischen Echtzeitfahrplan geändert haben. Pufferzeiten zwischen prognostizierten Blockzeiten werden den einzelnen Zugfahrten so zugeschlagen, dass der Betrieb mit möglichst geringem Energieverbrauch abgewickelt werden kann und der resultierende Fahrplan in hohem Maße robust gegenüber Störungen ist.

Trotz der angestrebten hohen Automatisierung speziell im Bereich der Konflikterkennung und -lösung bei kleinen Fahrplanabweichungen sollen die Disponenten jederzeit in der Lage sein, das Betriebsgeschehen zu verfolgen, automatisch getroffene Entscheidungen nachzuvollziehen und ggf. eigene Steuereingriffe durchzuführen. Dieses Konzept der Steuerung wird als Antonym zu „Control by Exception“ (Steuerung nach dem Ausnahmeprinzip) als „Control by awareness“ bezeichnet (etwa: Steuerung bei vollem Situationsbewußtsein). Die zu entwickelnde Mensch-Maschine-Schnittstelle wird neben dem Streckenspiegel zur Anzeige des aktuellen Verkehrszustands eine Darstellung von Zeit-Weg-Linien enthalten. Hierin werden die vergangenen Positionen der Züge dargestellt, wie diese durch das Modul der Verkehrszustandserfassung erfasst wurden, in gleicher Weise wird die Prognose des Fahrverlaufs dargestellt, die im mikroskopischen Echtzeitfahrplan enthalten ist. Der Disponent soll die Möglichkeit bekommen, die Weg-Zeit-Linien zu modifizieren. Die daraus resultierenden Änderungen sollen direkt in den mikroskopischen Echtzeitfahrplan eingehen und bei folgenden Ausführungen des Moduls Konflikterkennung und -lösung als zusätzliche Randbedingungen berücksichtigt werden.

# 4 Kopplung von Fahrerassistenzsystemen und Disposition

## 4.1 Aufgabenstellung und Funktionen

Um den größtmöglichen Verkehrsfluss durch die Kapazitätsengpässe im Netz zu erreichen, ist eine aktive Beeinflussung der Zuggeschwindigkeit unerlässlich [Alb11]. Dazu müssen Informationen aus dem Netzdispositionssystem bei der Steuerung der Züge berücksichtigt werden. Die Verantwortung für die Geschwindigkeitsregelung der Züge obliegt heute im Großteil des europäischen Netzes Triebfahrzeugführern, denen für die kapazitätsmaximierende Fahrweise technische Unterstützungssysteme zur Seite gestellt werden sollen. Dabei sind verschiedene Arten der Aufgabenverteilung zwischen zentralen und bordgestützen Systemen denkbar, für die im Projekt ON-TIME standardisierte Schnittstellen entwickelt werden. Die möglichen Systemvarianten lassen sich aus der funktionalen Analyse der Geschwindigkeitsregelung ableiten, die im Regelkreis in Abbildung 3 dargestellt ist.

Ausgangspunkt aller Berechnungen ist der durch die zentrale Disposition bereitgestellte Zuglaufkorridor. Innerhalb des Korridors muss ein Geschwindigkeitsverlauf ermittelt werden (Trajektorie), der fahrbar ist und eine Gütefunktion bestmöglich erfüllt, z. B. den geringstmöglichen Energieverbrauch aufweist oder nur wenige Steuereingriffe erfordert. Aus der Trajektorie können Fahrempfehlungen für Fahrzeugführer (oder Fahrbefehle für eine automa-

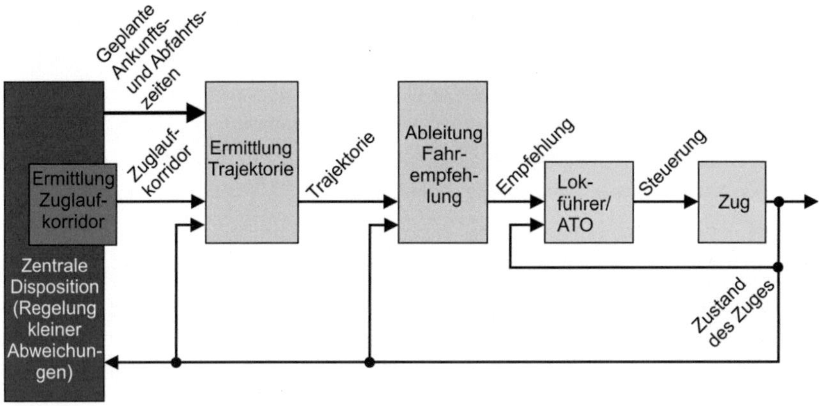


**Abbildung 3:** Funktionen bei der Ermittlung von Fahrempfehlungen für Assistenzsysteme.

**Tabelle 1:** Vergleich der verschiedenen Architekturvarianten für Assistenzsysteme (DAS = Driver Advisory System).

| Ermittlung Trajektorie | Ermittlung Fahrempfehlung | Bezeichnung Variante |
|---|---|---|
| Zentral | Zentral | DAS-C |
| Zentral | An Bord | DAS-I |
| An Bord | An Bord | DAS-O |

tische Zugsteuerung) generiert werden. Aus der Ausführung der Fahrempfehlung resultieren Geschwindigkeit und Position des Zuges, die über Sensoren erfasst werden können und in jeden einzelnen der vorgenannten Regler als Eingangsgrößen eingehen sollten.

## 4.2 Verteilung der Intelligenz und mögliche Schnittstellen

Die in diesem mehrstufigen Regelkreis vorhandenen Regler können sowohl fahrzeug- als auch streckenseitig realisiert werden. Dadurch ergeben sich drei grundsätzliche Architekturvarianten, vergleiche Tabelle 1.

In der Variante DAS-C (DAS = Driver Advisory System, C = Central) erfolgt jegliche Berechnung zentral. Die Fahrempfehlung (z. B. „Fahre mit 120 km/h“) wird fertig an Bord übertragen und angezeigt. Der bordseitige Aufwand einer solchen Lösung ist minimal, die Möglichkeiten für einen interoperablen Einsatz dementsprechend maximal. Dem Kommunikationskanal kommt eine entscheidende Bedeutung zu: Nur wenn eine Datenübertragung möglich ist, kann eine Fahrempfehlung gegeben werden. Ebenfalls müssen Zustandsinformationen mit hoher Genauigkeit streckenseitig vorliegen. Beide Bedingungen werden z. B. bei ETCS Level 2 erfüllt. Hier ist ein hochverfügbarer Kommunikationskanal vorhanden, über den die Fahrempfehlungen übertragen werden können. Darüber hinaus werden mehrfach pro Minute Position und Geschwindigkeit des Zuges an die Streckenzentrale übertragen. Beispiel für ein System vergleichbarer Architektur ist das System Admirail [Meh10], wie es im Lötschbergtunnel in der Schweiz eingesetzt wird.

In der Variante DAS-I (I = Intermediate) wird die innerhalb des Korridors zu fahrende Trajektorie zentral ermittelt und an Bord übertragen. Auf Basis der empfangenen Trajektorie wird die Fahrempfehlung an Bord generiert. In dieser Variante muss nur bei Änderungen der Trajektorie kommuniziert werden, d. h. die Anforderungen an die Verfügbarkeit des Kommunikationskanals sind geringer als in Variante DAS-C. Liegen an Bord Fahrzeug- und Streckendaten vor, kann die Übertragung der Trajektorie auf ausgewählte Stützpunkte reduziert werden, z. B. die Punkte der Fahrregimeänderungen. Dann ist jedoch eine Prüfung der Datenkonsistenz zwischen zentralem und dezentralem System unabdingbar. Treten Abweichungen von der Solltrajektorie auf, kann im Bordgerät darauf z. B. durch Ändern der angezeigten Empfehlung oder zusätzliche Darstellung der Abweichung reagiert werden. Werden große Abweichungen streckenseitig erfasst, so wird eine neue Trajektorie zentral ermittelt und an das Bordsystem verschickt.

Als DAS-O (O = On-board) wird die bordseitige Ermittlung von Trajektorie und Fahrempfehlung bezeichnet. Von der Zentrale muss dazu der Zuglaufkorridor an das Bordgerät übertragen werden. Die Bordsoftware muss Zugriff auf aktuelle Zug- und Streckendaten haben. Bordseitige Sensoren für Geschwindigkeit und Position sowie freie Rechenkapazitäten für die Durchführung der Optimierungsrechnungen sind weitere Voraussetzungen für eine solche Architektur. Diese sind meist bei existierenden Assistenzsystemen für die energiesparende Fahrweise gegeben, wie sie bei einigen Eisenbahnverkehrsunternehmen im Einsatz sind, z. B. InLineFAS [Alb12] oder CATO [Job11]. Diese Systeme müssen dann um eine Schnittstelle für den Zuglaufkorridor erweitert werden und dessen Berücksichtigung in der Optimierungsrechnung gewährleisten.

Offen und noch in der Diskussion sind Wettbewerbsaspekte. Durch die beschriebene Art von Assistenzsystemen wird der Energieverbrauch aktiv und maßgeblich durch die auf Seiten des Infrastrukturmanagers durchgeführten Berechnungen des Korridors, der Trajektorie oder Fahrempfehlung beeinflusst, die Energierechnung jedoch heute schon in vielen Ländern nach tatsächlichem Verbrauch durch die Eisenbahnverkehrsunternehmen beglichen.

## 5 Zusammenfassung und Demonstrationskonzept

Die Demonstration der vorgeschlagenen Ansätze soll zunächst mit Hilfe der mikroskopischen Eisenbahnbetriebssimulation HERMES erfolgen, die im Projekt bezüglich der Daten- und Kommunikationsschnittstellen gemäß den oben beschriebenen Ansätzen erweitert wird, vergleiche Abbildung 4.

HERMES kann neben der eigentlichen Simulation des Betriebs auch die Funktionalitäten eines Betriebsleitsystems bezüglich Verkehrszustandserfassung und automatischer Umsetzung von Stellbefehlen realisieren.

Die Verifikation der Wirksamkeit der Verfahren und die Quantifizierung von Optimierungspotenzialen soll in HERMES anhand verschiedener Demonstrationsszenarien erfolgen:

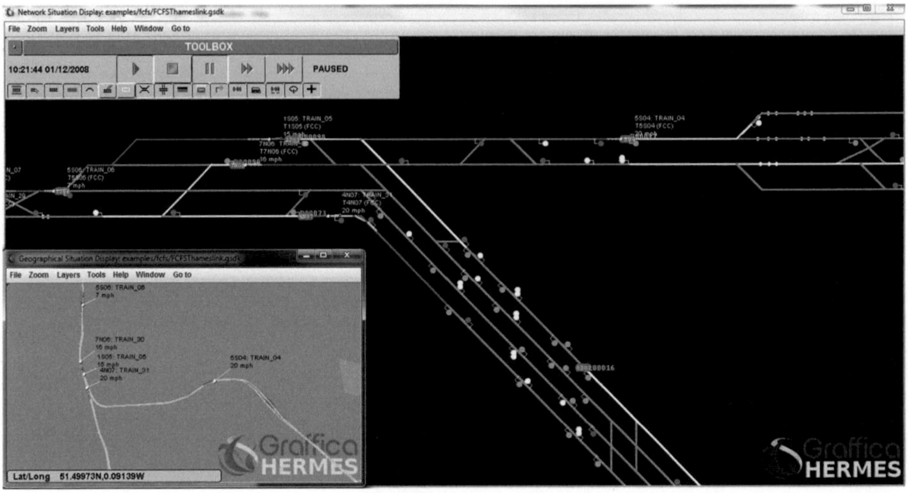


**Abbildung 4:** Ansicht der mikroskopischen Betriebs- und Leittechniksimulation HERMES.

- Internationaler Korridor am Beispiel der Eisenerzlinie Kiruna – Narvik (Schweden – Norwegen),
- Große Knoten (Bologna Centrale in Italien, Pierrefitte-Gonesse in Frankreich),
- Mehrgleisige Linie im Zulauf auf Metropolen (East Coast Mainline in Großbritannien),
- Teilausschnitt eines vermaschten Netzes mit verschiedenen Linien (Netz Utrecht – Eindhoven – Den Bosch in den Niederlanden).

Für alle räumlichen Szenarien sollen ausgewählte betriebliche Situationen untersucht werden. Neben der Erprobung in HERMES soll eines der Szenarien mit der Original-Leittechnik des Projektpartners Ansaldo STS erprobt werden. Das Projekt läuft noch bis Ende 2014. Auf der Projektwebseite [ONT13] sind wesentliche Projektberichte frei zugänglich. Ergebnisse sollen auf der Innotrans 2014 präsentiert werden.

## Danksagung

Das Projekt ON-TIME wird durch die Europäische Union im Rahmen des 7. Forschungsrahmenprogramms gefördert (Projektnummer FP7-SC01-GA-2011-285243).

## Literatur

[Alb09] T. Albrecht, C. Gassel, J. Knijff und J. van Luipen: „Analyse und Optimierung des Verkehrsflusses in Eisenbahnnetzen durch Nutzung von Gleisbelegungsdaten : Ergebnisse des Projekts „RouteLint" der Niederländischen Eisenbahnen". In: *22. Verkehrswissenschaftliche Tage*. Dresden, 28.–29. Sep. 2009.

[Alb11] T. ALBRECHT, A. BINDER und C. GASSEL: „Energie- und betriebseffiziente Fahrweisen im Eisenbahnverkehr“. In: *EI – Eisenbahningenieur* 62.2 (2011), S. 39–43.

[Alb12] T. ALBRECHT und M. PATHE: „Pilotierung eines Assistenzsystems zur kraftstoffsparenden Fahrweise im SPNV“. In: *EI – Eisenbahningenieur* 63.9 (2012), S. 66–70.

[Che10] L. CHEN, F. SCHMID, M. DASIGI, B. NING, C. ROBERTS und T. TANG: „Real-Time Train Rescheduling in Junction Areas“. In: *Proceedings of the Institution of Mechanical Engineers, Part F: Journal of Rail and Rapid Transit* 224.6 (2010), S. 547–557. DOI: 10.1243/09544097JRRT391.

[DAr09] A. D'ARIANO und M. PRANZO: „An Advanced Real-Time Train Dispatching System for Minimizing the Propagation of Delays in a Dispatching Area Under Severe Disturbances“. In: *Networks and Spatial Economics* 9.1 (2009), S. 63–84. DOI: 10.1007/s11067-008-9088-1.

[Job11] M. JOBORN, P. LEANDER, T. LIDÉN und T. NORDMARK: „Energy efficiency and on-time performance for heavy haul trains“. In: *Conference Proceedings of the International Heavy Haul Association Conference*. Calgary, Alberta, Canada, 19.–22. Juni 2011.

[Lüt07] M. LÜTHI, F. LAUBE, S. ROOS, R. WÜST und U. WEIDMANN: „PULS 90 : ein systemumfassender Ansatz zur Leistungssteigerung von Eisenbahnnetzen“. In: *Eisenbahntechnische Rundschau* 3 (2007), S. 104–107.

[Meh10] F. MEHTA, C. RÖSSIGER und M. MONTIGEL: „Potenzielle Energieersparnis durch Geschwindigkeitsempfehlungen im Bahnverkehr“. In: *SIGNAL + DRAHT* 102.9 (2010), S. 20–26.

[ONT13] *Projektwebseite ON-TIME*. ON-TIME Consortium. 2013. URL: http://www.ontime-project.eu/.

[Pel12] P. PELLEGRINI, G. MARLIÈRE und J. RODRIGUEZ: „Real Time Railway Traffic Management Modeling Track-Circuits“. In: *12th Workshop on Algorithmic Approaches for Transportation Modelling, Optimization, and Systems (ATOMOS 2012)*. Hrsg. von D. DELLING und L. LIBERTI. Bd. 25. OpenAccess Series in Informatics (OASIcs). Dagstuhl, Germany: Schloss Dagstuhl–Leibniz-Zentrum fuer Informatik, 2012, S. 23–34. DOI: 10.4230/OASIcs.ATMOS.2012.23.

[RML13] *Beschreibung des Datenaustauschformats railML*. railML-Konsortium. 2013. URL: http://www.railml.org.

*Korrespondierender Autor: Thomas Albrecht – Kontakt über: Technische Universität Dresden, Fakultät Verkehrswissenschaften „Friedrich List“, Professur für Verkehrsleitsysteme und -prozessautomatisierung, Telefon: +49 351 463-36784, E-Mail: vlp@tu-dresden.de*

# Human Factor Challenges in the Development of a Driver Advisory System for Regional Passenger Trains

**Thomas Albrecht**
Technische Universität Dresden

The paper was published in: Rail Human Factors : Supporting reliability, safety and cost reduction. London: Taylor & Francis, 2013, pp. 129–138. ISBN: 978-1-138-00037-7.

## Abstract

Energy-efficient driving trajectories can be computed by different methods. Using the results to support drivers by advisory systems requires detailed human factor considerations. The choice of the optimisation algorithm and the advice that can be given is mainly defined by the safety policy of the railway undertaking and the driver's needs. The article describes the considerations made in the development of such an advisory system and its test application in a diesel-hauled regional railway system in Germany.

## 1 Introduction

### 1.1 Motivation

Driving a train should be safe, according to the given timetable and economic. In the literature, no distinct order of these goals is given (e.g. [Ham05]). German railway operators clearly prescribe the above given order of importance.

Today railway drivers are supported in the safe operation of the train by e.g. automatic train protection systems. Until the very recent past, there have practically been almost no support systems for drivers which help keeping the timetable or support economic operation. Drivers were therefore responsible on their own to fulfil these goals in most railway undertakings. In passenger operation, on time performance has always been regarded as primary of the non-safety objectives (see e.g. [Rot12]). Failing this goal is immediately perceived by the customers and made known to the drivers through direct customer feedback or quality control systems. The situation is different for the goal of driving a train economically. When trains were still powered with coal, there was an immediate feedback on the economic aspects of driving, because less coal had to be shovelled. Immediate feedback on electric energy consumption has been introduced during the last 10 years, but there is still lack of measurement on diesel hauled trains, so the awareness of the drivers towards economic driving is still small for that kind of traction. Additionally, economic driving means not to drive as fast as possible – details are explained in the next section of this paper. But not driving as fast as possible means a risk of delays due to unforeseeable circumstances and therefore failing the superordinated goal of driving on time. It can be observed, that inexperienced drivers tend towards driving faster in order to reduce the risk of delays. In addition to that, some drivers stated that it is "more fun" to drive faster.

With the increasing energy and fuel costs, railway undertakings (RUs) have become more willing to invest in measures to support economic driving. With the increasing availability and decreased cost of sensor, communication and mobile computation technology Driver Advisory Systems (DAS) have gotten in the focus of research and industry, which have promised significant savings, see [Mit09]. The railway undertaking Veolia Sachsen-Anhalt GmbH (Harz-Elbe-Express) expressed an interest in such an advisory system, which was developed at Technische Universität Dresden and implemented together with INTERAUTOMATION Deutschland GmbH.

The paper describes the background of this advisory system, the particularities of diesel-hauled regional railway operation in Germany which had to be respected, and the implications that the human factor requirements had on algorithm development. In the remainder of this section, the basic technical environment is explained. The following section summarizes the fundamentals of energy-efficient driving between two consecutive stations and along a line. Then, the driver requirements and safety concerns are explained, which had immediate impact on the overall system design. A description of the implementation and test phase is given afterwards, before the main findings are summarized in the conclusions.

### 1.2 Basic technical requirements

The technical integration of any new equipment with an existing train requires a long and expensive authorization process, which makes products expensive. Additionally, vehicles are typically not owned by the RUs. It was therefore decided to implement the advisory system such that it does not require any permanent link to the train other than a power supply. Therefore no interaction with speed control modules (like cruise or brake control) is possible and no information could be taken from the existing ATP system onboard unit (PZB 90 in Germany). Smartphones were to be used as technical platform; the GPS integrated therein is used as positioning technology. Such smartphones are currently used by most RUs for oral communication and data exchange between traffic management unit and trains as part of their non-safe traffic monitoring system.

# 2 Theory of energy-efficient driving

A two level approach to energy-efficient driving is most promising on regional lines. It is briefly explained here.

## 2.1 Energy-efficient driving between two consecutive stations

During the 1970s it has been found, that the energy-optimal sequence of driving regimes between two consecutive stations consists of only four different regimes (see [Liu03] for more details and a literature overview):

- Acceleration with maximal effort (Acc)
- Cruising (CrM) at or below (Cr) maximal speed
- Coasting (Co)
- Braking (Br) with maximal (electric or mechanic) effort

The sequence of these regimes and the switching points between each two of them depend on track and vehicle properties as well as on the planned arrival time at the next station. They can be computed using different methods, see [Alb08]. As the choice of the method might have different consequences for the output to the driver, it can only be made after the human factor requirements have been described.

The coasting phase can usually occur before a steep downhill incline, before reduction of maximal speed or before target braking. In regional transport with typically short distances between two stations (2 km – 4 km) and just one speed limit, the most frequently used regime sequence is acceleration – coasting – braking.

## 2.2 Energy-efficient driving along a line

Driving regimes for the run between two consecutive stops are computed in such a way, that a defined arrival time is reached exactly (targeted precision of time-keeping is 1 sec). The definition of the planned arrival times influences the potential for energy-efficient driving, as can be seen from figure 1. The more time is available, the less energy is consumed. The biggest relative saving of energy consumption is obtained close to the time-minimal running, even when only small allowances are available within the (planned) running time.

It has been shown in the literature, see [Alb13], that the use of arrival time windows instead of time points can increase the efficiency of DAS. The optimal arrival times within these time windows can then be found using Dynamic Programming in real-time. Time windows can be adapted during operation, e.g. if a crossing train on a single track line is delayed.

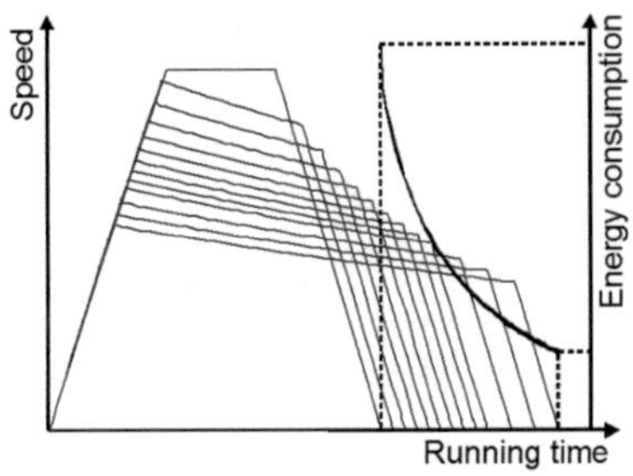


**Figure 1:** Speed profile and energy consumption for different planned running times on a sample track section.

# 3 Consequences of human factor requirements on the advisory policy

The optimal arrival times of the train along a line and the optimal trajectories of the train between each two stations can be computed using the theory described in the previous section. This section describes how the results of this optimisation can be given to the driver by means of an advisory system.

## 3.1 Basic requirements and choice of optimisation algorithm

An advisory system will give additional information to the train driver during the operation of the train. The driver must integrate this information with the other sources of information – in particular the trackside information on maximal speed. Therefore, the given advice must never be in contradiction to any safety system or operational rule. Further, the way the information is given and the amount of given information must not distract the driver. With the proposed system design, some information that is needed to compute the optimal speed profile and derive a driving advice cannot be provided in a safe way. The consequences of this are described in table 1.

Of the four optimal regimes, the regime coasting bears no obvious safety risk and shall therefore be the only regime to be advised while driving. That means that an algorithm had to be chosen for the optimization between consecutive stations, which computes speed profiles which make extensive use of the coasting regime to save energy.

A gradient method was chosen which – starting with the shortest possible train running trajectory – successively reduces cruising duration at maximal speed and / or the duration of acceleration phases. Coasting phases are introduced instead, braking phases become shorter as well (start at lower speeds). Possible regime sequences are given in figure 2, see [Alb08] for further details of the gradient method.

If large running time allowances are available and the driving resistance of the train is high, it might not be possible to find a solution which arrives at the planned running time (it will arrive earlier), or the method may produce solutions which require coasting at very

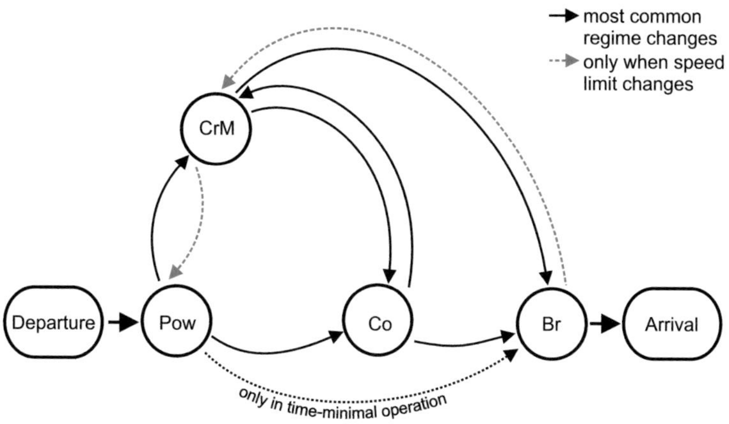


**Figure 2:** Sequence of driving regimes as implemented in the advisory system.

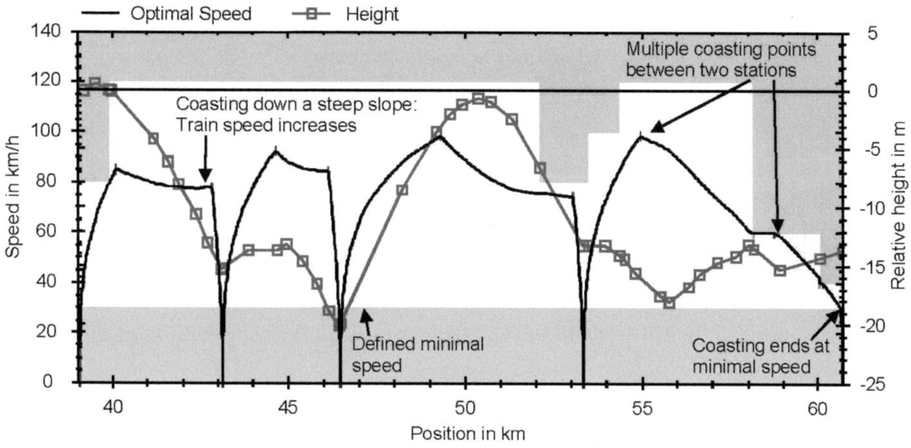


**Figure 3:** Examples for optimal trajectories on a part of a line.

low speeds near the next planned stop. In such a case, drivers reported that they feared not to reach the next platform, they felt very uncomfortable at these slow speeds and reported questions from passengers asking whether the train had a failure. In order to avoid that drivers would not follow an advice which would lead to such a situation, a minimal speed was defined, below which no coasting was allowed, see figure 3.

It was decided to display the advice coasting optically and announce the beginning of the regime (the moment when the coasting advice appears) also acoustically. No acknowledgement has to be given.

**Table 1:** Data quality and consequences for system development.

| Non-safe or incomplete information | Consequence | Alternative solution |
|---|---|---|
| Permitted speed (e.g. unknown signalled speed, possibly unknown temporary speed restrictions) | Advised speed could be higher than permitted speed which represents a safety risk | No speed advice, no advice on acceleration regime, driver is responsible for accelerating the train and speed holding at maximal speed |
| Route of the train in stations | Future maximal speed along the route is unknown, overestimating the maximal speed might lead to delays | Pessimistic assumption of maximal speed profile (assumption of route with slowest speed profile) |
| Distance to stopping location and braking conditions | Positioning errors or bad braking conditions might cause missing a stop or passing a signal at danger, if the driver relies on the DAS information (Complacency aspects, see [Rot12] for a discussion) | No braking advice given, no distance information given |

### 3.2 Limitations of the chosen approach

Displaying the advice coasting might still interfere with the goal of safely driving a train, e.g. in the following two situations:

1. If the coasting advice is displayed, although the current braking conditions require the application of the braking regime in order to reach the next speed target.

2. If the train actually accelerates during coasting, e.g. on steep downhill slopes, and during this acceleration would exceed the speed limit.

The advisory system reacts in both situations by making the coasting advice symbol invisible if the braking or cruising regime according to the assumed track conditions is expected to be starting within a predefined time interval or speed threshold respectively. With the advice policy described above, the part of the display which is reserved for the advice remains empty during most of the run. Drivers must use their own experience to control the train:

- At the beginning of the run: the driver knows that the train must accelerate.

- If the maximal track or signal speed is reached, the driver will have to control the train speed in order not to overspeed.

- If a speed or stopping target approaches, the driver has to decrease speed of the train in order to reach the target.

In practical situations, coasting might sometimes make braking to lower target speeds obsolete. These situations require special treatment in practice, if the actual speed at the beginning of the new speed restriction is close to this target speed. Due to the limited accuracy of GPS speed and the unknown accuracy of the speed displayed on the tachometer (which rounds up the actual speed value per design) the coasting symbol on the display will be removed in such a case and a rule was defined, that the driver has to brake to the target speed and continue cruising at that speed if it cannot reliably be determined that the actual speed of the train is below the allowed speed at the beginning of the new speed limit. Another coasting advice will be issued later if applicable. Figure 4 illustrates some if these scenarios. These figures were used during driver training sessions to explain the working of the advisory system.

### 3.3 Further information and advice

Following the coasting advice issued by the system the train will arrive at the predefined arrival time of the train. The drivers were told about the existence of the tolerated time windows for the arrival time. In order to reassure them of the correctness of the coasting advice, the predicted arrival time at the next station is continuously displayed as "preview information". If the next time window along the route cannot be reached (because of large delays), the expected delay is displayed. In that case the driver will know that no coasting advice can be expected and the train has to be driven as fast as possible in order to ensure that the punctuality goals are reached. On the examined railway network, drivers are responsible for departure clearance of the train. One of the conditions that has to be met before train departure is that the departure time as given to the passengers has passed. It is energy-optimal to depart as quickly as possible afterwards, in order to have a maximum of running time available during the run. It was therefore decided to display and / or acoustically announce the time, when the departure time is reached.

## 4 Implementation, tests and operation

The advisory system InLineFAS was tested in real-operation during five weeks in late autumn 2011. The system was fixed on three Diesel Multiple Units (DMU) in both driver cabins on a dedicated device (see figure 5, left). Fuel-efficient driving and how the system can help doing it became part of the regular driver training sessions. Drivers were also told that they can be better than the system, e.g. by their better knowledge of station routes, by braking with higher rates than assumed by the system or by cruising below maximal speed on the long sections where it is not possible to reach the planned running time by coasting alone.

During accompanied rides the drivers frequently wanted to know, how much fuel was there to be saved. Therefore diesel flow meters were installed on one DMU which were able to measure instantaneous consumption. The output of this campaign was presented to the drivers during their training sessions.

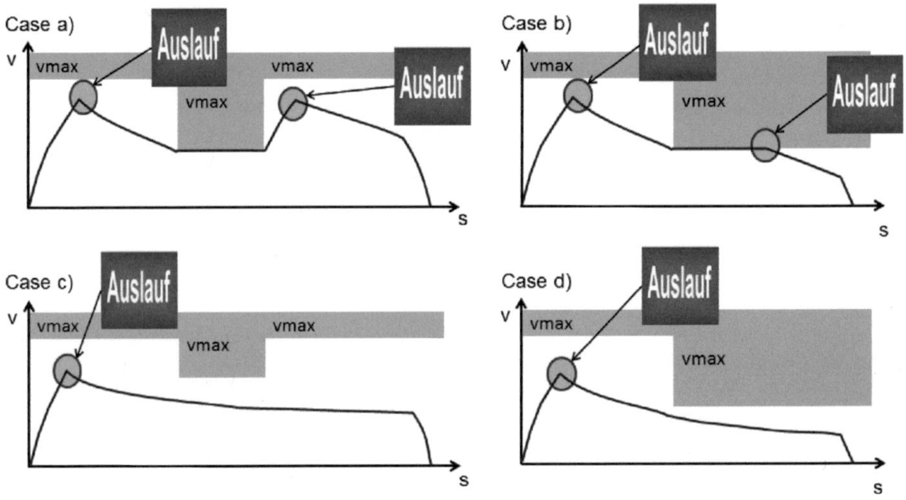


**Figure 4:** Different cases when the advice coasting ("Auslauf" in German) was given. In cases c) and d) the advice coasting is only given once at the beginning of the very long coasting phase.

**Figure 5:** Setup during tests (left) and during regular operation (right).

During the test, different ways to deal with the coasting advice have been observed:

- Primary acceptance, i.e. immediate reaction to coasting advice.
- To beat the system by starting coasting before: The system makes some assumptions about the train model and in particular the braking model of the driver. Experienced drivers who brake faster can coast earlier and still be on time at the next station. Other drivers might accept slightly missing the target window at intermediate stations.
- Secondary acceptance, i.e. the driver estimates that the given coasting advice will lead to an arrival time close to the end of the accepted time window. Some drivers prefer arriving a little earlier by coasting later than originally advised. Energy saving is less compared to primary acceptance, but the driver is supported in his own – more conservative – way of timekeeping. by "extrapolating" the given advice / adding a little additional slack.
- No coasting advice given: some drivers with experience from locomotive hauled trains did not accelerate as fast as possible, the coasting advice would then come later or not at all.

During the tests, diesel savings of 5 % were measured at the fuel station which convinced the operator to install the system on the entire fleet.

## 5 Conclusions and Outlook

The system is in full productive operation since August 2012 (see figure 5, right). The efforts of the railway undertaking are now focused on how the long term acceptance and effects of the system can be measured and managed. This concerns in particular the yearly timetable change, which might have significant impact on the overall railway fuel consumption (different stopping scheme, different running times, etc.). Further possibilities to save fuel are currently under examination. This concerns e.g. operation of engine during standstill of the train under consideration of the effects that this may have on air conditioning and heating.

The advisory system is developed further to integrate strategies for speed optimisation on long distances, where coasting today is not sufficient to reach the planned running time.

## 6 Acknowledgements

The pilot tests would not have been possible without the strong support of Veolia Verkehr Sachsen-Anhalt, in particular the local operations director and driver manager René Bartz. The author is grateful for the commitment and support of the train drivers in the development phase. The project was realized as collaboration between TU Dresden and INTERAUTOMATION Deutschland GmbH.

## References

[Alb08] T. ALBRECHT: "Energy-Efficient Train Operation". In: *Railway Timetable & Traffic*. Ed. by I. A. HANSEN and J. PACHL. Eurailpress, 2008, pp. 83–105. ISBN: 978-3-7771-0371-6.

[Alb13] T. ALBRECHT, A. BINDER, and C. GASSEL: "Applications of real-time speed control in rail-bound public transportation systems". In: *Intelligent Transport Systems, IET* 7.3 (2013), pp. 305–314. DOI: 10.1049/iet-its.2011.0187.

[Ham05] W. I. HAMILTON and T. CLARKE: "Driver performance modelling and its practical application to railway safety". In: *Applied Ergonomics* 36.6 (2005). Special Issue: Rail Human Factors, pp. 661–670. DOI: 10.1016/j.apergo.2005.07.005.

[Liu03] R. LIU and I. M. GOLOVITCHER: "Energy-efficient operation of rail vehicles". In: *Transportation Research Part A* 37.10 (2003), pp. 917–932. DOI: 10.1016/j.tra.2003.07.001.

[Mit09] I. MITCHELL: "The Sustainable Railway: Use of Advisory Systems for Energy Savings". In: *IRSE News* 151 (2009), pp. 2–7.

[Rot12] E. ROTH and J. MULTER. *Technology Implications of a Cognitive Task Analysis for Locomotive Engineers*. 2012. URL: http://www.fra.dot.gov/eLib/Details/L01594. Accessed Nov. 1, 2012.

*Corresponding author: Thomas Albrecht – contact via: Technische Universität Dresden, Faculty of Transport and Traffic Sciences "Friedrich List", Chair of Traffic Control and Process Automatisation, phone: +49 351 463-36784, e-mail: vlp@tu-dresden.de*

# Energy-efficient Driving in the Context of a Communications-based Train Control System (CBTC)

**Karsten Rahn**[1], **Christian Bode**[1], **Thomas Albrecht**[2]
[1] Siemens AG, Braunschweig
[2] Technische Universität Dresden



## Abstract

This paper presents the considerations which have been made in order to integrate a module for energy-efficient driving in the Trainguard MT communications-based train control (CBTC) system. The available information inside the CBTC system allows new ways of designing driver advisory systems and integrating them together with safety-related functions.

**Keywords:** Energy-efficient operation, communications-based train control (CBTC)

## 1 Introduction

Communications-based train control (CBTC) systems represent the most recent and most innovative kind of train control systems today. Trainguard MT is a CBTC moving-block train control system which enables maximum train throughput with the current intrinsic railway safety philosophy. Moving-block train operation with Trainguard MT is either controlled fully automatically using ATO (automatic train operation) or manually by the driver. The system is installed in metros and suburban railway systems all over the world, for example on Istanbul Line 1 and Beijing Line 10. Currently, Trainguard MT is being installed in the Copenhagen S-Bane system, one of the biggest mass transit networks in Europe.

In order to improve the energy efficiency of railway systems in which Trainguard MT is installed, algorithms for energy-efficient train operation have been integrated as additional software module in the on-board software of the system. Although the theory of energy-efficient driving (EED) looks back over a long history since the 1970's (see [Liu03] for an overview of existing literature), practical implementations of driver advisory systems (DAS) based on this theory have only recently become feasible, see [Mit09] for an overview on implemented systems. This can partially be explained by the fact that one of the biggest challenges for the calculation of an energy-efficient driving strategy is to have exact knowledge of the track (e.g. slopes, radii, stopping locations), the train position and the maximum allowed speed in each track section (e.g. braking curves and speed restrictions) [Alb08]. In conventional railway systems, this data is usually not available on trains and additional data procurement, maintenance, sensors and communication effort are required (e.g. GPS for the train position, an additional track atlas, etc.). In practice, this leads to advisory systems for EED, which are implemented as completely independent systems or as components of operation management systems without link to the safety system (see [Mit09]). This paper discusses the integration of EED in a CBTC system: the challenges which had to be faced and the possibilities which facilitated this integration.

First, a comparison between CBTC and conventional railway safety systems is made in Section 2. Then, the theory of energy-efficient driving is outlined briefly and some particular aspects of the implemented algorithm. Section 4 describes technical aspects of system implementation and a small case study that was carried out on a real-world metro line in China.

# 2 Comparison of CBTC with conventional safety systems

## 2.1 System architecture of CBTC

Generally, a CBTC system consists of the following subsystems:

- automatic train supervision (ATS)
- interlocking functionality (IXL) and other external devices, e.g. point machines
- in case of mixed traffic, track vacancy detection system (TVD)
- bi-directional data communication system (e.g. WLAN)
- CBTC wayside and on-board subsystems including automatic train protection (ATP) and automatic train operation (ATO).

### CBTC principle

All CBTC systems are based on the following working principles [IEE04]:

CBTC systems are characterized by the use of a cyclical vital bi-directional data exchange of train position reports and movement authorities between the CBTC on-board and wayside subsystems.

The on-board part of the CBTC system continuously vitally determines the absolute train position in the railway network using a track database and a CBTC coordinate system. The vital train position is cyclically transmitted to the wayside CBTC system.

The wayside CBTC system continuously computes the movement authority for each train on the basis of interlocking states and the vital position reports from the trains.

The on-board CBTC subsystem supervises the given movement authority limit by considering speed profiles and the relevant train parameters (safe braking model).

### Use of track database (TDB)

CBTC systems typically use a track database, a description of the rail network based on a node/edge model. The edges are called segments; the nodes (sets of points, crossings or direct segment-to-segment connections) are integrated into the segment extremities. Thus, any path in the rail network (e.g. movement authority) can be described as a sequence of segments. The segments are oriented and a certain position in the rail network can be described by the segment ID and the offset from its start extremity.

The TDB includes all static objects and describes the topology and geometry of the track with their specific attributes and values. The static data included in the TDB supports a wide range of functions. Data is used for vital functions (e.g. localization) as well as for non-vital functions (e.g. ATO, energy-efficient driving).

### Vital train position

The train localization function of a CBTC system is performed by the vital on-board subsystem. The task of the localization function is to detect the absolute train position in the rail network described by the (segment ID, offset) coordinate system. Within Trainguard MT, Eurobalises are used as absolute reference points, where the exact absolute positions of the balises are described in the TDB. Between the balises, on-board localization is based on continuous odometry measurements from sensors (e.g. odometer pulse generators, radar).

For CBTC systems, the vital train position contains the coordinates of the front end and the rear end of the train. Due to the fact that the CBTC train separation function is based on the vital train positions, train integrity has to be continuously supervised by the on-board CBTC system. The vital train position includes all measurement uncertainties. Therefore, the vital position can significantly differ from the real train position and cannot be used for functions such as precise stopping or trip time prediction. For this reason, a most probable and accurate train position within the vital position is determined. This non-vital train position allows the optimization of CBTC functions within the safe limits but can be used for non-vital functions only.

### Basic regulation principle including EED function

To support energy-efficient driving, an EED module has been included in the CBTC architecture of Trainguard MT. Basically, the EED function is a non-vital function. Therefore, the EED module has been integrated into the non-vital computers of the CBTC on-board system (see figure 1).

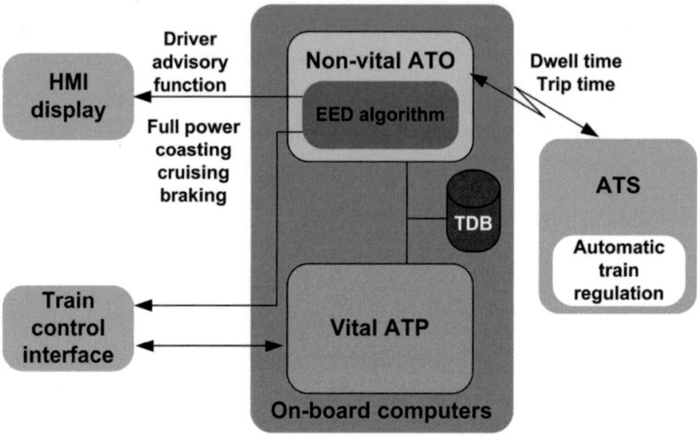


**Figure 1:** Integration of the EED algorithm within Trainguard MT.

The basic interfaces for the EED algorithm exist, so the algorithm could be integrated within the regulating loop between automatic train regulation and on-board train control. For the driver advisory function, a usable driver interface has been implemented into the driver's HMI display to guide the driver according to energy-efficient criteria. This interface has been designed and evaluated according to human factor aspects.

## 2.2 Environment for non-safe driver advisory applications

A major purpose of a CBTC system is to guarantee safe operation of the railway system. Within the Trainguard MT architecture, it is possible to use the data and sensor information available within the system for non-safe applications. The major interesting modules are positioning and speed computation, the speed supervision functions and the track database.

As described in the previous section, position and speed as well as their current measurement uncertainties are available for safe applications (e.g. vital front end of the train) as well as for non-vital applications. The availability of position and speed information is system-intrinsic, i.e. without this information the train is not allowed to move under CBTC protection. That also means, that whenever the train moves, position and speed information are available.

The braking curve which has to be supervised by the ATP module has to be computed on-board the trains. According to the CBTC standard braking curve calculation [IEE04], the permitted maximum speed is computed as a function of the current static maximum speed, the next target speed, the current movement authority, track slopes, train acceleration and braking behavior as well as different time constants in the system and the current uncertainty of position and speed. All this data is available onboard as part of the train model (system parameters) and track database. There is always only one valid version of the track database and this version is always available on all trains traveling in the system. The database contains all static speed profiles for braking curve computation.

The permitted speed is constantly supervised by the ATP module; any excess of this speed leads to automatic braking. It is displayed in manual train operation mode and can also be transmitted to other modules. It can be used within the nonvital applications in order to supervise that any computation is compliant with the safety constraints of the system.

# 3 Application of energy-optimal train control to CBTC

## 3.1 Basic theory and choice of algorithm

The problem of energy-optimal train control consists of finding an optimal transition between a start state (position, speed of a train) and a defined end state so that energy consumption becomes minimal and the planned running time $t_F$ is achieved (constraint). This problem has been researched for almost 40 years and many different approaches have been proposed to solve it (see [Alb08; How93; Liu03] for a detailed literature overview) for different application areas. The publications [Fra00; Khm00] concentrate on solutions for long-distance traffic. In this case, travel times are in the order of tens of minutes or even longer. Therefore, the computational requirements for determination of the optimal trajectory are relatively low. In metro systems with short distances between stations, the running times are short and there are significantly fewer constraints to be observed (fewer speed changes, fewer changes of slopes, etc.). However, as minor deviations from the optimal trajectory might lead to deviations in the order of seconds, which is big in relation to the duration of the run between two stations, the algorithm should be able to react quickly to deviations and the requirements for computation time are high.

The product to be developed should be applicable to trains of different manufacturers, i.e. they should be able to deal with standard information about train characteristics (including, e.g. traction effort as a function of speed, running resistance of the train, rotating mass factor, etc., but not including detailed information about power losses or efficiencies, which are usually difficult to measure and model within complex train energy management systems [Klo99]).

The algorithms to be developed should be used both as driver advisory systems and for automatic train operation. Because of the short running times between two consecutive planned stops in metro and suburban systems, it has been decided that there should only be a small number of control changes between two stations and that a regime should be displayed for a defined minimum duration, in order to neither overcharge the driver with work nor risk instabilities of ATO speed regulation. This requirement can be solved satisfactorily by using solutions for energy-optimal trajectories based on application of the maximum principle, e.g. see [Alb08; Hor90; How93; How00; Khm00; Liu03; Str73].

Therefore, an objective function had to be defined. The systems in question are all operated with electric traction and the objective function needs to consider the electric energy needed for traction. Furthermore, the vehicles are usually able to regenerate electric energy during braking. But the amount of regenerated braking energy depends strongly on the load conditions in the network and thus is hardly predictable in practice. If no train in the vicinity of a braking train is able to consume the braking energy, the brake control computer might switch to pneumatic or rheostatic brake and thus the entire braking energy or large parts of it would be lost. This worst case is assumed here and only the amount of energy required for traction (as computed with the tractive effort $F_{\mathrm{T}}$) shall be used as optimization criterion (as introduced in [Str73]):

$$Q := E = \int F_{\mathrm{T}} ds \tag{1}$$

The application of the maximum principle shows in that case that there are five optimal control regimes, in particular:

- full power (limited by the maximum permitted acceleration of the train; abbreviation: *pow*)
- cruising at constant speed (by applying partial power or by partial braking, depending on the prevailing track and running resistance; abbreviation: *crm* if cruising at maximum permitted speed, *cr* in all other cases)
- coasting (inertia motion; abbreviation: *co*)
- braking at full power (limited by the maximum permitted deceleration of the train; abbreviation: *br*)

For application of the algorithm on urban and suburban lines, the regime *cr* can usually be omitted without any significant impact on energy consumption (see e.g. [How93]). In manual operation, this is also favorable for drivers, as usually no means of automatic cruise control is implemented in metro trains.

Within a CBTC system, it is sometimes not feasible to brake at full power, as the CBTC braking curve computation uses lower deceleration values according to the safe braking model [IEE04]. This is explained in figure 2. It can be seen that position uncertainty is assumed to increase linearly over distance after passing a balise. The uncertainty is reset after passing a balise to the position uncertainty of the balise itself. The supervised braking curve can be modeled with a constant average braking rate $\overline{a}_k$ between each two consecutive balises $k$ and $k+1$. This rate can be computed from the supervised speeds $v_k$ at the positions of the balises and the difference in the balise positions $s_k$. According to the maximum principle, braking at the resulting maximum allowed braking rate is energy-optimal (within the safety constraints), therefore the term full braking shall be used for "full braking under CBTC braking model" in the remainder of this paper, which permits the use of the electric brake.

The exact regime sequence and the switching times depend on the length of the track and speed limits as well as track and train resistance as shown in [How93; How00; Khm00; Liu03].

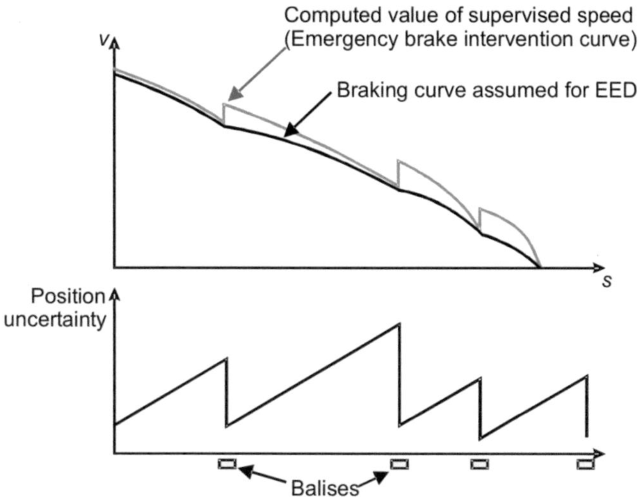


**Figure 2:** Position uncertainty depending on the distance from the last balise and the effect on the supervised speed: for EED, the lower envelope with constant deceleration rates between two consecutive balises is assumed.

### 3.2 Computation of an energy-optimal trajectory

Beside the safety constraints mentioned in the previous section of this paper, a defined minimum speed must be respected during computation of the trajectory, as driving excessively slow shall be avoided (e.g. in order not to dissatisfy passengers on-board).

Several publications [Khm00; Liu03] determine the switching points based on the resolution of the co-state equations for the different track conditions. This approach is not well suitable to be used inside Trainguard MT as the track is described in a very detailed way in the TDB (many small changes in slope at short distances). Therefore, it was decided to use a simulation-based approach to find the switching points between consecutive driving regimes. The differential equations of motions are solved using numerical integration at discrete points in space which is consistent with the internal CBTC model of train movement. The distance between the discrete points varies along the track: it is short near changes in slope and maximum speed (including the arrival point) and longer on sections with constant track constraints (max speed, slope).

First, time-minimal driving is computed, which can only contain the regimes "full power", "cruising at maximal speed" and "full braking". If the remaining time to arrival $t_F$ – given by the timetable or running time regulation – is shorter than the minimal running time, time-minimal driving will be required and the algorithm is terminated.

If running time allowance is available, a gradient method is applied to find a speed profile with the running time $t_F$. Starting with the time-minimal run the trajectory is modified iteratively. Two options are considered here in each iteration for reducing energy consumption and increasing the running time of the train:

- reduce the duration of cruising at max. speed or
- reduce the duration of acceleration.

In both cases, a coasting phase is either introduced or the duration of an existing coasting phase is extended in place of the previously used regime at the given position. In many cases this also leads to a reduction of the duration of the next braking phase.

In each iteration, both measures are tested to substitute any phase with regime $pow$ or $crm$. If one of the measures leads to coasting below minimum speed, it is declared invalid. If it produces a valid solution, the energy consumption and duration of the entire run are computed.

Figure 3 illustrates existing alternatives for one example train run between two stations with two different speed limits. The first iteration after the computation of the time-minimal trajectory (black) is illustrated in the figure. Three alternatives exist in that scenario:

- reduction of the first acceleration phase (black dashed): coasting is started immediately after the acceleration phase, the time-minimal trajectory is taken up again during the first braking regime (in order to reach the speed limit). Energy-saving results from shortening the first acceleration phase and substituting the entire first cruising section with coasting (consumption = 0).
- reduction of the first cruising phase (grey): the train still accelerates to maximal speed, cruises at that speed and starts coasting just before braking to the first target speed. The obtained energy saving results from replacing cruising with coasting.
- reduction of the second cruising phase (grey dashed): while the train drives in the time-optimal way on the first part of the run, the duration of the second cruising phase (at reduced maximal speed before entering the station) is shortened.

Of all examined options, the one with the steepest gradient

$$\frac{\Delta E}{\Delta t} = \frac{E_{current} - E_{\text{altenative}}}{t_{\text{alternative}} - t_{current}} \tag{2}$$

of energy saving per additional running time is chosen.

The iteration process is stopped, if the duration of the new speed profile is close to the planned running time. The step size for reduction of the cruising and acceleration length must be chosen appropriately: large step sizes might lead to inaccurate solutions concerning timekeeping, small step sizes might lead to long computation times.

It was decided to cut cruising phases from the rear end in order to obtain regime sequences which seem reasonable to the driver. The regime sequence $crm - co - crm$ which is sometimes applied in heavy rail operation before steep declines is not considered here. On urban or

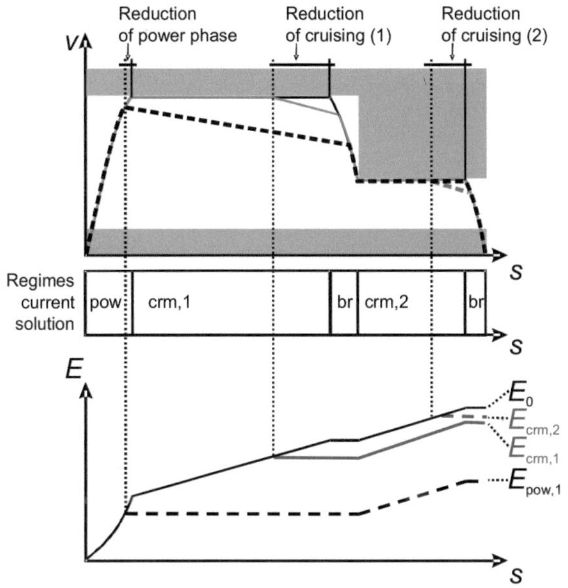


**Figure 3:** Comparison of alternative trajectories which consume less energy (assuming flat track).

suburban lines, the duration of the intermediate coasting phase would become very short and therefore difficult to communicate in the context of an advisory system.

The optimal trajectory of a train could theoretically be computed at the departure of the train. However, if the train deviates from this optimal trajectory, the rest of the trajectory is not optimal anymore for the current system state. Therefore, optimal trajectories need to be recomputed as soon as the deviation from the formerly optimal trajectory becomes too large.

## 3.3 Deriving advice from the optimal trajectory

The optimal trajectory will be used as input for ATO speed regulation and can be used as a guidance value for automatic speed control of the ATO system. In advisory systems, it would also be possible to display the optimal trajectory and guide the driver to drive accordingly – this has been proposed in several systems originally developed for freight train drivers on very long-distance networks (e.g. Freightmiser in Australia, CATO for Swedish iron-ore trains). For the application case examined here (short running time between stations), it has been decided that providing an entire speed profile to the driver might involve too much information that would have to be processed in a very short time and thus cause additional workload. Comparable to other approaches applied in metro and suburban systems (e.g. Vienna Metro system [Mit09], or the Metromiser system [How93]), it has been decided to derive advice about the current optimal driving regime from the optimal trajectory. This is mainly straightforward as long as both train and driver behave as assumed during the

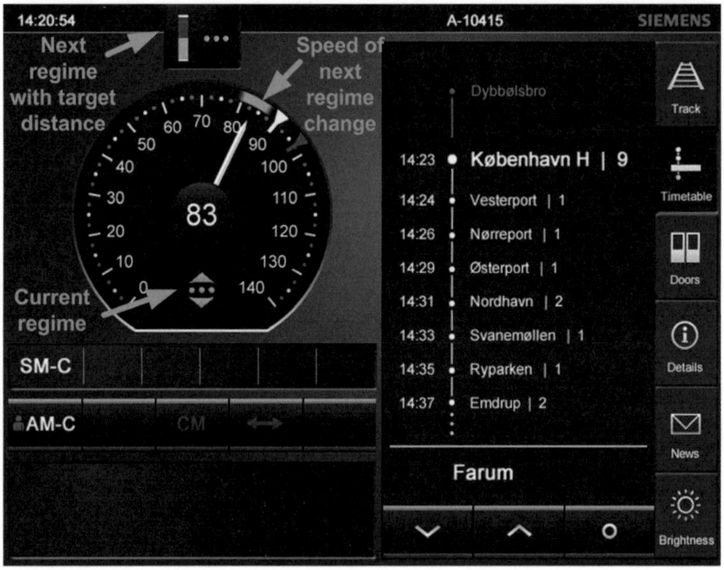


**Figure 4:** Trainguard MT driver HMI.

simulations made for computation of the optimal trajectory. In the case of deviations, specific considerations had to be made.

Drivers are not able to cruise exactly at a constant speed, i.e. if the optimal trajectory requires cruising at maximal speed, a speed threshold has been defined, below which the driver is advised to apply power again to reach the maximum speed. Within the speed threshold, the advice "cruise at maximum speed" is given. A train might lose more speed during coasting than expected, e.g. due to an imbalanced passenger load or poor weather conditions. Minimal deviations would already lead to advising the power regime in order to arrive on time. However, in order to consider measurement precision and driver reaction time, the minimal regime duration constraint is applied here as well. I.e. an advice to accelerate the train again before re-starting coasting is only issued, if the duration of the resulting powering phase is longer than the defined minimal regime duration.

If used as an advisory system, the advice will be displayed in the form of the current regime, the target speed of the current regime and the next regime (refer to figure 4).

# 4 Implementation aspects and case study

## 4.1 Integration in Trainguard MT

Within modern CBTC systems, the vital and non-vital parts of the system are strictly separated. This is mainly done for two reasons:

- the development costs for vital system parts are much higher than for non-vital parts and

- non-vital parts can be run on non-vital computers which mostly have a much higher performance than vital computers.

Energy saving can be implemented in a non-vital manner using high-performance computers. Real-time trajectory adaption is realized with an integration of the algorithm into the Trainguard MT system cycle. That means trajectory computation is done several times within a second. Therefore, the system can react in real time to differences between the used models for trajectory anticipation and real behavior of the train and/or the driver. Because in the past it became evident that not all drivers drive in the same manner and the traction as well as the braking behavior of trains change, the trajectory has to be adapted during the train run to realize the best energy-efficient results. With the real-time approach of Trainguard MT, the behavior of both the train and the driver is continuously measured and the related trajectory can be adapted immediately. Because of the short calculation cycles, the changes in the output trajectory between two cycles are marginal and the subsequent controller (ATO or driver) is smoothly guided along the best-performance trajectory and sudden advisory changes can be avoided. This saves energy and additionally leads to a comfortable ride for passengers.

When trains are driven manually by a driver, an additional advantage of the integration of the energy-efficient driver advisory system within a modern CBTC system is the possibility of innovative and intrinsic visualization. Due to the fact that, in CBTC systems, the speed of the train is continuously monitored and a closed control loop for braking exists, the integrated solution is able to guide the driver along the entire trajectory. In comparison to conventional driver advisory systems where only the coasting start is indicated, the integrated solution allows additional advice for full power, holding speed (cruising), and braking. Figure 4 shows an example of the human-machine interface of the developed innovative driver advisory component within Trainguard MT.

An additional advantage of the architecture of modern CBTC systems is the possibility to make statements about the energy consumption as well as the energy efficiency of a train run. The best way to establish energy consumption is to transmit the information via the data interface from rolling stock. In projects without such an interface, energy consumption can be calculated based on the continuous measurement of speed and acceleration. Although measuring energy should be the preferred solutions, it could be shown that for metro applications the estimation of energy consumption based on speed and acceleration can produces reliable results.

Once determined, energy consumption information can be transmitted to the control center for statistical analyses and to optimize the control strategy for the whole line or metro system. In addition, the feedback can be displayed to the driver for better acceptance and as additional motivation.

### 4.2 Case study

One of the most discussed questions in the industry is; how much energy can be saved using energy-efficient driving? The answer is not easy to give and depends on a lot of conditions, e.g. the current driving style of an operator, timetable time slack, speed profile, recuperation strategy and a lot of additional influencing factors. Therefore, it is important to define the conditions of a case study very carefully to obtain a resilient result. In the Trainguard MT case study on the Guangzhou – Foshan line, the following test conditions were defined:

- the compared train runs were made with the same train to eliminate the effects of different driving behavior
- the energy-efficient train runs made with EED advisory system support were compared with time-optimal ATO runs to have a stable base for comparison. Time-optimal driving as implemented in the ATO system is very common in China because of the strong focus on punctuality.
- the consumed energy was directly measured by rolling stock on the motors
- the test train was alone on the line to eliminate any influences due to recuperation
- the time slack was set to 4 % to have a realistic value which did not need the complete time slack of the timetable

Figure 5 shows a comparison between a time-optimal train run (driven automatically using ATO) with a train run using the Trainguard MT EED advice on the Guangzhou – Foshan metro line in China. The EED run had a longer running time of 5 s compared to the time-optimal run. This running time slack was used by the EED algorithm to shorten the second power phase by a few seconds. Traction energy consumption was measured for both runs and is about 24 % less by using EED.

## 5 Conclusions and outlook

CBTC systems inherently provide optimal conditions (e.g. TDB, bi-directional wayside – on-board communication link) to further extend functionality and further optimize performance and energy efficiency for rail operation. As described by the example of Trainguard MT, an EED algorithm can be easily implemented in the CBTC system to support energy-efficient operations also in the case of manual driver operation. For practical implementation of the EED algorithm in CBTC systems, it is necessary to consider the vital CBTC functions around this application (e.g. safe braking model), because this is the given working environment. The evaluated data shows that this approach is feasible. The distinction between vital and non-vital functionality and the usage of highperformance computers for non-vital functions allow real-time trajectory adaption for optimal energy efficiency.

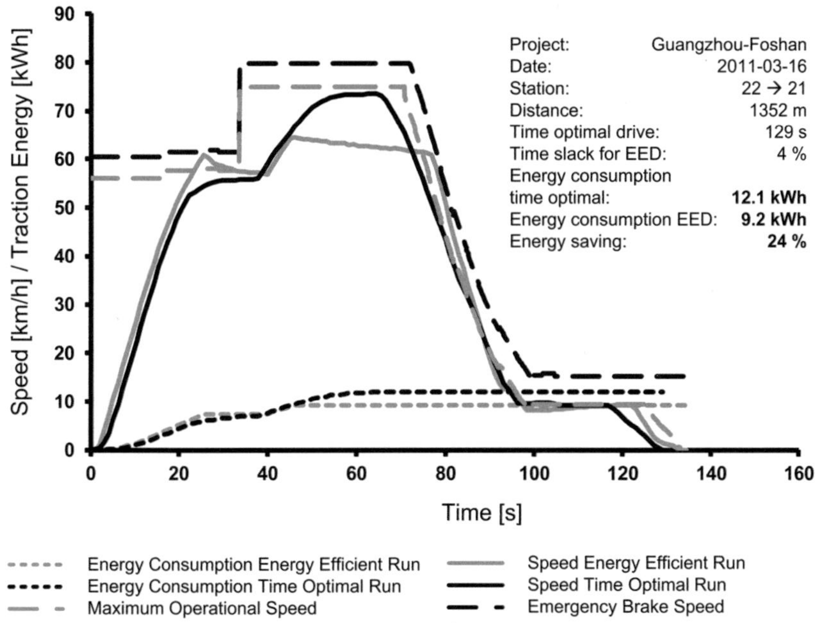


**Figure 5:** Comparison of different runs on a real metro line.

The first large-scale application of the EED algorithm in practice will take place in the Copenhagen S-Bane network. Here, an actual comparison between trains driven manually by experienced personnel and drivers with EED support will be made.

## References

[Alb08] T. Albrecht: "Energy-Efficient Train Operation". In: *Railway Timetable & Traffic*. Ed. by I. A. Hansen and J. Pachl. Eurailpress, 2008, pp. 83–105. ISBN: 978-3-7771-0371-6.

[Fra00] R. Franke, P. Terwiesch, and M. Meyer: "An algorithm for the optimal control of the driving of trains". In: *Proceedings of the 39th IEEE Conf on Decision and Control*. Sydney, Australia, Dec. 12–15, 2000, pp. 2123–2127. ISBN: 0-7803-6638-7.

[Hor90] P. Horn and R. Zinke: "Energy-optimal control of trains in long distance traffic". In: *Proceedings of the 2nd Mini Conference on Vehicle System Dynamics*. Ed. by J. Marialigeti. Technical University of Budapest, Faculty of Transport Engineering, 1990.

[How00] P. Howlett: "The Optimal Control of a Train". In: *Annals of Operations Research* 98.1-4 (2000), pp. 65–87. DOI: 10.1023/A:1019235819716.

[How93] P. HOWLETT, I. MILROY, and P. PUDNEY: "Energy-Efficient Train Control". In: *Proceedings of the 12th Triennial World Congress o of the International Federation of Automatic Control (IFAC) : Vol. 4: Applications II*. Ed. by G. C. GOODWIN. Sydney, Australia, July 18–23, 1993, pp. 1081–1088.

[IEE04] IEEE: *1474.1™-2004 IEEE Standard for Communications-Based Train Control (CBTC) Performance and Functional Requirements*. IEEE, 2004.

[Khm00] E. KHMELNITSKY: "On an Optimal Control Problem of Train Operation". In: *IEEE Transactions on Automatic Control* 45.7 (2000), pp. 1257–1266.

[Klo99] C. KLOSE: "Reduzierung des Energiebedarfs von Hochgeschwindigkeits-Triebzügen durch ein Verfahren zur Systemoptimierung der Steuerung von Triebfahrzeugen". Dissertation. Dresden: Technische Universität Dresden, 1999. ISBN: 3-89825-172-1.

[Liu03] R. LIU and I. M. GOLOVITCHER: "Energy-efficient operation of rail vehicles". In: *Transportation Research Part A* 37 (2003), pp. 917–932. DOI: 10.1016/j.tra.2003.07.001.

[Mit09] I. MITCHELL: "The Sustainable Railway: Use of Advisory Systems for Energy Savings". In: *IRSE News* 151 (2009), pp. 2–7.

[Str73] H. STROBEL and P. HORN: "On energy-optimum control of train movement with phase constraints". In: *Electric, Informatics and Energy Technique Journal* 6 (1973), pp. 304–308.

*Corresponding author: Thomas Albrecht – contact via: Technische Universität Dresden, Faculty of Transport and Traffic Sciences "Friedrich List", Chair of Traffic Control and Process Automatisation, phone: +49 351 463-36784, e-mail: vlp@tu-dresden.de*

# Energieeffiziente Fahrweise bei der Hamburger U-Bahn

**Anne Binder[1], Thomas Albrecht[1], Ulrich Bergner[2]**
[1] Technische Universität Dresden
[2] Hamburger Hochbahn AG

Dieser Beitrag wurde veröffentlicht in: Der Nahverkehr, 31.9 (2013), S. 25–29.

## Zusammenfassung

Als verantwortungsvolles Verkehrsunternehmen bekennt sich die Hamburger Hochbahn AG seit Jahren zum nachhaltigen und ressourcenschonenden Handeln. Als eine von vielen Maßnahmen zur Senkung des Energieverbrauches hat sich die energieoptimale Echtzeit-Fahrzeitenregelung der U-Bahn als besonders wirksam erwiesen. Im vorliegenden Beitrag wird ihre Weiterentwicklung zu einer noch effizienteren, vorausschauenden dynamischen Fahrzeitenregelung vorgestellt. Ein dynamisch geregelter Zufluss auf Anschlussstationen kann im Fall von verspäteten Zubringerzügen zusätzliche Einsparungen generieren. Die Effektivität und Auswirkungen dieser neuen Regelung werden mittels einer stochastischen Simulation des U-Bahn Betriebes untersucht. Der Beitrag fasst die Vorgehensweise und Ergebnisse dieser Simulation zusammen und zeigt, dass flexible Fahrstrategien zu zusätzlichen Energieeinsparungen führen können, ohne dabei hohe betriebliche Qualitätsansprüche zu beeinträchtigen.

## 1 Aufgabenstellung

Als umwelt- und klimaorientiertes Verkehrsunternehmen hat sich die Hamburger Hochbahn AG (HOCHBAHN) bereits vor vielen Jahren zum nachhaltigen Handeln verpflichtet. Aus dieser Verpflichtung ergibt sich eine ständige Suche nach Möglichkeiten zur weiteren Senkung ihres Energieverbrauchs. Die vorige Ausgabe von DER NAHVERKEHR (Anmerkung der Redaktion: Heft 5 (2013), S. 28–33) stellt die für die U-Bahn bereits getroffenen Maßnahmen ausführlich vor.

Trotz aller Erfolge möchte die HOCHBAHN den einmal eingeschlagenen Weg auch weiterhin fortsetzen. In der Weiterentwicklung des derzeit implementierten Systems der „Flexiblen Abschaltgeschwindigkeit“ zu einer vorausschauenden innovativen Fahrtzeitenregelung wird ein nennenswerter, wenn auch schwierig zu bestimmender Beitrag dazu vermutet.

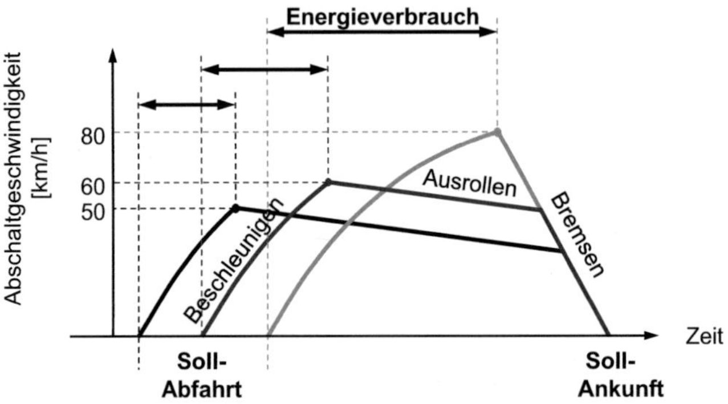


**Abbildung 1:** Regelung der Abschaltgeschwindigkeit zur Reduzierung des Energieverbrauchs (Quelle: HOCHBAHN).

Die Professur für Verkehrsleitsysteme und –prozessautomatisierung der TU Dresden erhielt deshalb von der HOCHBAHN den Auftrag, das Energieeinsparpotenzial dieser Maßnahme mit Hilfe eines fortschrittlichen Simulationsverfahrens genauer zu bestimmen. Die Ergebnisse dieser Arbeit werden im Folgenden dargelegt.

## 1.1 Energiesparende Fahrweisen zwischen zwei aufeinanderfolgenden Halten

Aus der Theorie der optimalen Steuerung [Alb02] geht hervor, dass das optimale Fahrspiel im schienengebundenen Nahverkehr ausschließlich aus den Fahrspielen:

- Antrieb mit maximaler Beschleunigung,
- ggf. Beharren mit Streckenhöchstgeschwindigkeit,
- Ausrollen,
- Bremsen mit maximaler Bremsverzögerung

besteht. Die bis zum nächsten Halt verfügbare Fahrzeit bestimmt die Dauer der einzelnen Fahrregime und damit den Energieverbrauch.

Um diesen Verbrauch möglichst niedrig zu halten, setzt die HOCHBAHN netzweit ein Assistenzsystem ein, das dem Fahrzeugpersonal bei Abfahrt von einer Haltestelle die optimale Abschaltgeschwindigkeit für den nächsten Streckenabschnitt (speziell für den Übergang von der Phase Beschleunigen in Ausrollen – vergleiche Abbildung 1) anzeigt. Diese Abschaltgeschwindigkeit wird vom Betriebsleitsystem dynamisch in Abhängigkeit von der aktuellen Fahrplanlage so ermittelt, dass ihre Einhaltung unter Berücksichtigung der Ist-Fahrplanlage zu einer sekundengenau pünktlichen Ankunft des Zuges an der nächsten Haltestelle führt.

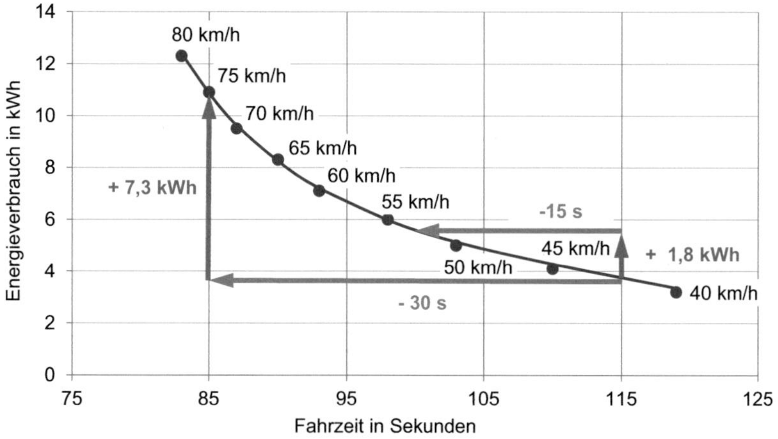


**Abbildung 2:** Abschaltgeschwindigkeit, Fahrzeit und Energieverbrauch als spezifische Größe eines Streckenabschnitts (hier dargestellt: Linie U1, Richtung 1 LM-FL).

## 1.2 Konventionelle Fahrzeitenregelung

Das derzeit implementierte System orientiert sich an sekundengenau geplanten Ankunfts- und Abfahrtszeiten an allen Stationen. Eine Abschaltempfehlung zur energiesparenden Fahrweise wird immer dann gegeben, wenn eine Möglichkeit zur pünktlichen Ankunft am nächsten Halt besteht [Mie69].

Theoretisch kann für jede mögliche Sollfahrzeit eine korrespondierende Abschaltgeschwindigkeit ermittelt werden. Aus ergonomischen Gründen wurde jedoch entschieden, Abschaltgeschwindigkeiten nur in 5 km/h-Schritten anzuzeigen. Bei erforderlicher Mindestfahrzeit erfolgt die Anzeige MAX. Aus Rücksicht auf die Fahrgäste wurde festgelegt, dass keine Fahrempfehlung ausgegeben wird, die zu einem Ausrollen unterhalb 40 km/h führen würde (Abbildung 2).

Mit dem Simulationsprogramm DYNAMIS [Rad98] werden Fahrten für alle möglichen Abschaltgeschwindigkeiten offline simuliert, die dabei ermittelten Fahrzeiten und Energieverbräuche werden in sogenannten Abschalttabellen im Betriebsleitsystem hinterlegt.

Auf Grund der in grober Diskretisierung vorliegenden Sollfahrzeiten wird die Sollfahrzeit im praktischen Betrieb auf den nächstniedrigen Wert abgerundet, die dazugehörige Abschaltgeschwindigkeit wird dem Fahrpersonal innerhalb des Fahrzeuges angezeigt.

Die mit dieser Regelung erzielten Energieeinsparungen lassen sich wegen der schrittweisen Einführung zwar nicht genau bestimmen, in der Literatur werden aber für vergleichbare Systeme Werte zwischen 5 % und 15 % angegeben [Alb02].

## 1.3 Vorausschauende, innovative Fahrzeitenregelung

Mit dem derzeitig implementierten System kommt es schon bei geringen Fahrplanabweichungen – wie z. B. durch regelmäßig auftretende natürliche Schwankungen der Dauer des

Fahrgastwechselvorgangs – zur Anzeige von hohen Abschaltgeschwindigkeiten. Abbildung 2 zeigt, dass dies zu einem hohen zusätzlichen Energieverbrauch führen kann, wenn beispielsweise 30 Sekunden Fahrplanabweichung auf einem einzigen Abschnitt abgebaut werden sollen.

Die auf diese Weise angestrebte sekundengenaue Pünktlichkeit ist für die Fahrgäste jedoch weder praktisch wahrnehmbar noch erforderlich. Auch aus Sicht des Verkehrsverbundes wird ein Zug erst als unpünktlich gewertet, wenn seine positive Fahrplanabweichung bei Abfahrt mehr als 3 min beträgt, unternehmensintern werden bereits Züge mit einer Fahrplanabweichung von 2 min als unpünktlich betrachtet.

Untersuchungen bei anderen Stadtschnellbahnen [Alb02] haben gezeigt, dass durch eine Flexibilisierung der Ankunftszeiten im Sekundenbereich – mit der sogenannten dynamischen Fahrzeitenregelung – die Energieeffizienz gesteigert werden kann, ohne die Pünktlichkeit im Sinne der Abrechnungsgröße zu verschlechtern. Die Konsequenzen einer solchen dynamischen Fahrzeitenregelung sollten für den U-Bahn-Bereich bei der HOCHBAHN untersucht werden. Ziel dieser Untersuchung war es, die durch die dynamische Fahrzeitenregelung im Regelbetrieb der Hamburger U-Bahn erschließbaren Energiesparpotenziale und die Folgen einer solchen Regelung auf die Verspätungslage im Netz zu quantifizieren. Dabei wurden zwei mögliche Steuerstrategien untersucht.

### Dynamische Fahrzeitenregelung zwischen wichtigen Halten

Innerhalb von vermaschten Verkehrsnetzen existieren Haltestellen, welche eine hohe verkehrliche oder betriebliche Relevanz besitzen. Diese können beispielsweise Anschlusshaltestellen zu anderen Linien oder externen Verkehrsträgern, hoch belastete Stationen oder auch Linienstart- und -endhaltestellen sein. An diesen Haltestellen soll die Ankunft wie bisher auch sekundengenau zur im Fahrplan festgelegten Zeit erfolgen. Im U-Bahn-Netz Hamburg wurde die Notwendigkeit der sekundengenauen Ankunft für ca. 1/3 aller Haltestellen definiert. An den anderen, untergeordneten Haltestellen wird ein Toleranzfenster von 30 Sekunden definiert, innerhalb welchem eine geringe Fahrplanabweichung zu Gunsten eines geringen Energieverbrauches toleriert wird. Die frühestmögliche Abfahrt ist an allen Stationen weiterhin durch den publizierten Fahrplan vorgegeben, da eine Abfahrt vor der öffentlich bekanntgegeben Abfahrtsminute nicht akzeptabel ist.

Innerhalb dieser Restriktionen wird die vorhandene Fahrzeitreserve zwischen zwei wichtigen Halten aus energetischer Sicht optimal verteilt. Es handelt sich damit um eine sogenannte lexikographische Optimierung, bei welcher die Optimierungsziele nacheinander betrachtet werden. Die nachrangigen Optimierungsziele werden nur dann betrachtet, wenn das übergeordnete Ziel erfüllt ist. Folgende Prioritätenfolge wird dabei angewendet:

1. pünktliche Ankunft an wichtigen Haltestellen,
2. Einhaltung der Fahrplanrestriktionen an den untergeordneten Haltestellen,
3. Energieverbrauch.

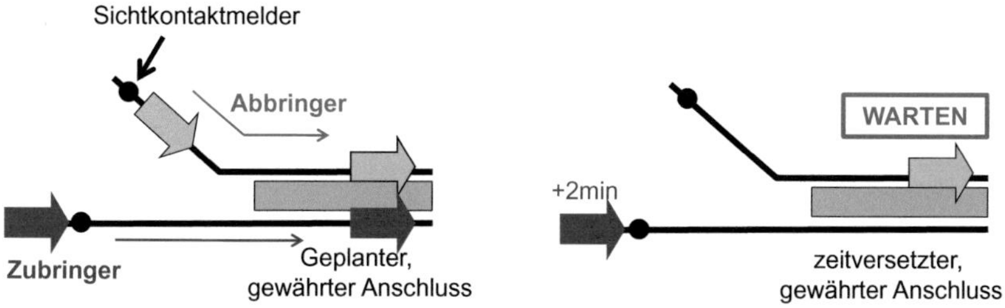


**Abbildung 3:** Schematische Darstellung der geplanten und verspäteten heutigen Anschlusssituation, an einigen Haltestellen sind beide Züge gleichzeitig Zu- und Abbringer.

### Dynamischer Zufluss auf Anschlussstationen

Im Hamburger U-Bahn-Netz existieren Stationen, an welchen Übergänge zwischen verschiedenen Linien am gleichen Bahnsteig realisiert werden. Anschlüsse werden immer dann eingehalten (und durch ein Telematiksystem technisch gesichert), wenn die für den Abbringer resultierende Fahrplanabweichung innerhalb einer vorgegebenen Toleranz liegt (Hauptverkehrszeit (HVZ) 30 s und Nebenverkehrszeit (NVZ) 2 min) oder der Zubringerzug einen so genannten Sichtkontaktmelder bei der Zufahrt auf einen Bahnhof befahren hat (siehe Abbildung 3).

In der Praxis treten insbesondere in der Nebenverkehrszeit häufig Situationen auf, in denen frühzeitig abzusehen ist, dass ein Warten auf einen Zubringer an der Anschlussstation nötig sein wird. In solchen Situationen wäre es möglich, einen Teil der voraussichtlichen zusätzlichen Anschlusswartezeit zur Verlängerung der Fahrzeiten des Abbringerzuges bereits vor der Anschlussstation zu nutzen und damit Energie zu sparen.

## 2 Bewertung der Steuerstrategien

### 2.1 Simulationsgraphmodell

Um die einzelnen Steuerstrategien zu bewerten, wurde eine Simulation des Hamburger U-Bahnnetzes aufgebaut. Dabei wurden die für den Betriebsablauf relevanten Prozesse identifiziert und innerhalb eines so genannten Simulationsgraphen inklusive deren Ursachen-Wirkungsbeziehungen abgebildet. Abbildung 4 zeigt beispielhaft für einen Netzausschnitt die zu simulierenden Teilprozesse. Die mikroskopische Simulation erfordert die Modellierung der einzelnen Teilprozesse und der dazugehörigen Prozessdauern, um nach Ablauf der Prozessdauer den möglichen Übergang zum folgenden Teilprozess zu ermöglichen. Neben der Simulation des Fahrvorgangs und des Fahrgastwechsels, sind dabei die für den Betrieb relevanten Einbruchsverspätungen am Linienanfang, die gegeben Fahrplanrestriktionen und die Anschlussgewährung zu berücksichtigen.

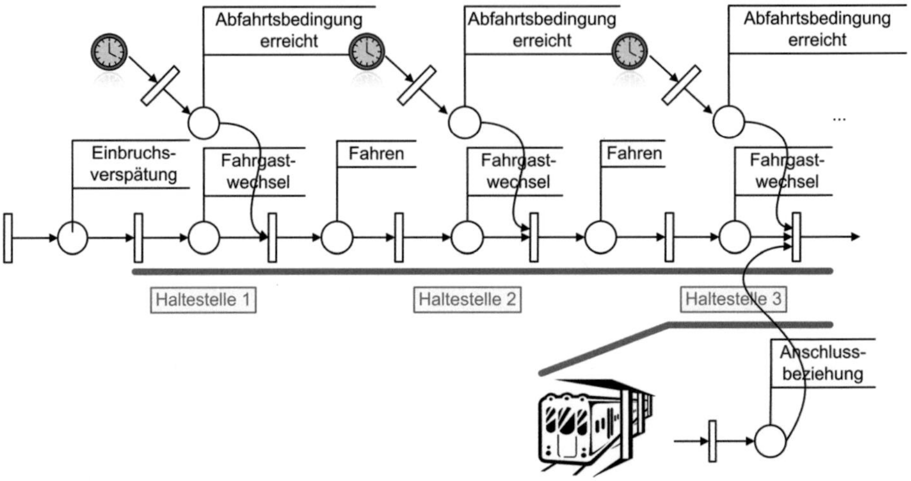


**Abbildung 4:** Schematische Darstellung des Simulationsgraphmodells.

### Fahren

Um die unterschiedlichen Steuerstrategien zu analysieren, wird innerhalb der Simulation der Fahrvorgang als berechenbar angenommen. Dies bedeutet, dass eine vorgegebene Fahrzeit auf diesem Abschnitt sekundengenau realisiert wird. Dabei werden nur Fahrzeiten genutzt, welche durch die Angabe der korrespondierenden Abschaltgeschwindigkeit auftreten können.

### Fahrgastwechsel

Der Fahrgastwechsel stellt durch seine Zufälligkeit innerhalb des U-Bahn-Betriebes die im System enthaltene Variabilität dar. Wollte man die einzelnen Haltezeiten simulieren, so würden hierzu zeitlich hochaufgelöste Quelle-Ziel-Matrizen für das komplette U-Bahn-Netz inklusive möglicher zufälliger Verzögerungen wie Zustieg in letzter Sekunde benötigt, die aber heute praktisch nicht bereitgestellt werden können. Deshalb wurde ein makroskopischer Ansatz basierend auf gemessenen Ein- und Ausfahrtzeiten der Fahrzeuge gewählt. Die Zeiten werden bei Befahren von Kontakten im Gleis sekundengenau erfasst. Unter Nutzung bekannter Korrekturfaktoren, welche von der Lage der Detektoren bzgl. Halteplatz, Zuglänge und Wagenanzahl abhängen, kann die tatsächliche Haltezeit an der Haltestelle ermittelt werden.

Analysiert man die so ermittelten Haltezeiten, zeigen sich für unterschiedliche Haltestellen, Verkehrszeiten und Fahrplanlagen unterschiedliche Verteilungsfunktionen. In der Simulation werden diese diskretisierten, gemessenen Verteilungsfunktionen genutzt um unter Anwendung der Inversionsmethode zufällige Haltezeiten zu erzeugen, welche in ihrer Verteilung den gemessenen Werten entsprechen ([Kol08]).

### Prozessübergänge und Randbedingungen

Bei der Modellierung der Prozessübergänge und der Randbedingungen muss auf die betriebsspezifischen Festlegungen der Hamburger U-Bahn Rücksicht genommen werden:

- Keine Abfahrt vor der publizierten Abfahrtsminute,
- Keine Abfahrt vor der geplanten Abfahrtssekunde an wichtigen Haltestellen,
- Anschlussgewährung an den Anschlusshaltestellen.

Nur bei Erfüllung dieser Bedingungen erfolgt die Abfahrt des Zuges an der jeweiligen Haltestelle.

## 2.2 Bewertungskenngrößen

Der Energieverbrauch als Optimierungskriterium ist das maßgebende Kriterium, um die Wirtschaftlichkeit der Steuerungsansätze zu bewerten.

Durch die weiterhin angestrebte sekundengenaue Ankunft an einer Vielzahl von Halten und die niedrige tolerierte Fahrplanabweichung dazwischen ist praktisch keine wesentliche negative Betriebsbeeinflussung zu erwarten. Dennoch sollen folgende Werte in der Simulation ermittelt werden, um ggf. auftretende ungewollte Effekte der vorausschauenden Fahrweise zu erfassen:

- Anschlussgewährung: Die Anzahl verpasster Anschlüsse darf sich nicht erhöhen.
- Fahrplanabweichung an wichtigen Haltestellen: An definierten wichtigen Haltestellen darf es zu keinen zusätzlichen Fahrplanabweichungen kommen.
- Fahrgast- und abrechnugsrelevante Fahrplanabweichungen an untergeordneten Haltestellen: An den untergeordneten Haltestellen dürfen sich keine für den Fahrgast und das VU relevanten Fahrplanabweichungen ergeben. Daher werden dort Fahrplanabweichungen oberhalb einer Minute kritisch bewertet.
- Anzahl Abschnitte, auf denen zeitoptimal gefahren werden muss (Anzeige MAX): Die zeitoptimale (spitze) Fahrweise führt nicht nur zu einem hohen Energieverbrauch sondern ebenso zu einer hohen Belastung von Rollmaterial und Infrastruktur.

### Vorgehensweise

Beide Betriebsstrategien wurden in verschiedenen, zufällig erzeugten Szenarien gemäß der Methode der Monte-Carlo-Simulation [Pot75] miteinander verglichen. Je Fahrtrichtung und Tageszeit (HVZ / NVZ) wurden 3000 Szenarien simuliert.

Ein Simulationsszenario ist eindeutig gekennzeichnet durch die Abfahrtsverzögerung an der Starthaltestelle jedes Zuges sowie die Haltezeiten an allen Halten. Diese werden per Zufallsversuch aus den vorliegenden diskreten Häufigkeitsverteilungen ermittelt, wobei die einzelnen Ereignisse als statistisch unabhängig betrachtet wurden.

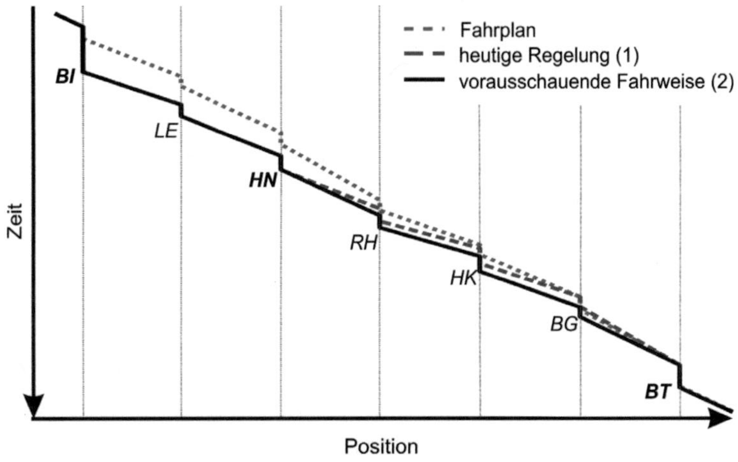


**Abbildung 5:** Zeit-Weg-Linien der heutigen und vorausschauenden Fahrzeitenregelungen im Szenario A.

Um die Randbedingung der Anschlusseinhaltung korrekt nachbilden zu können, wurde entschieden, in einem Simulationsszenario jeweils drei Fahrzeuge – d. h. jeweils eins pro Linie – in einer Fahrtrichtung gleichzeitig zu betrachten.

Der Effekt der dynamischen Fahrzeitenregelung im Vergleich zur heutigen Fahrweise soll zunächst anhand zweier Beispielszenarien gezeigt werden.

### Beispielszenario vorausschauende Fahrweise im Regelbetrieb (Szenario A)

Abbildung 5 zeigt einen Szenarioausschnitt auf dem Streckenabschnitt der Linie U2 Richtung 2 zwischen *Billstedt (BI)* und *Berliner Tor (BT)*. Dabei sind Zeit-Weg-Linien und die dazugehörigen Abfahrts- und Ankunftszeiten für beide Fahrzeitenregelungen – heutiges Verfahren (1) und vorausschauende Regelung (2) – dargelegt. Die Kürzel der wichtigen Haltestellen sind fett gedruckt.

Bei diesem Szenario kommt es aufgrund einer verlängerten Fahrgastwechselzeit in *BI* zu einer positiven Fahrplanabweichung. Die nächstfolgende wichtige Haltestelle ist zwei Abschnitte voraus – *Horner Rennbahn (HN)*. Beide Betriebsstrategien signalisieren eine zeitoptimale Fahrt zwischen *BI* und *HN*. Die nächstfolgende wichtige Haltestelle ist *BT*. Die gesamte Fahrzeitreserve bis *BT* wäre bei normalen Betriebsbedingungen ausreichend, um die aktuelle Fahrplanabweichung von 49 Sekunden abzubauen.

Folglich kommt es durch die dynamische Fahrzeitenregelung (2) zur optimalen Verteilung der verfügbaren Fahrzeitreserve bis zur Zielstation *BT*, während die heutige Fahrzeitenregelung versucht, die aktuelle Fahrplanabweichung so schnell wie möglich abzubauen und auf den drei folgenden Abschnitten die zeitoptimale Fahrt einsetzt. Dadurch wird die Station *Burgstraße (BG)* sekundengenau gemäß Fahrplan erreicht. Durch den zufällig kurzen Fahrgastwechsel an der Station *BG* kommt es dort sogar zu einer Abfahrt fünf Sekunden vor

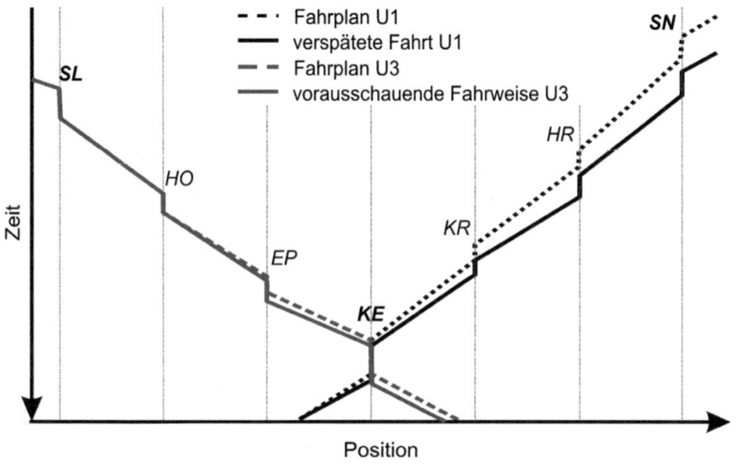


**Abbildung 6:** Zeit-Weg-Linien der vorausschauenden Fahrzeitenregelungen im Szenario B.

der geplanten Abfahrtssekunde. Da auf dem letzten Abschnitt ausreichend Fahrzeitreserve geplant wurde, die bei pünktlicher Abfahrt zur geringstmöglichen Abschaltgeschwindigkeit (65 km/h) führt, kann diese zusätzliche Reserve jedoch nicht genutzt werden, um weitere Energieeinsparungen zu erzielen.

Die vorausschauende Fahrzeitenregelung hingegen verteilt die bis zur Station *BT* verfügbare Fahrzeitreserve über alle vier Abschnitte. Dadurch wird die zeitoptimale Fahrt auf den Abschnitten bis *BG* vermieden. Trotz einer kurzen Haltestellenaufenthaltszeit an der Station *BG* liegt die Fahrplanabweichung bei vorausschauender Fahrzeitenregelung hier noch bei 15 Sekunden. Durch die hohe verfügbare Fahrzeitreserve auf dem letzten Abschnitt kann auch bei dieser Fahrzeitenregelung ein pünktliches Ankommen am Zielbahnhof *BT* sichergestellt werden. In Summe kann über die betrachteten sechs Abschnitte durch die dynamische Fahrzeitenregelung eine Einsparung von 14 kWh (20 %) erzielt werden.

### Beispielszenario Anschlussfahrt (Szenario B)

Welcher Nutzen zusätzlich durch die vorausschauende Fahrweise bei Anschlüssen erzielt werden kann, zeigt ein weiteres Szenario. Der Zug der Linie U1 (schwarz) verspätet sich aufgrund zufällig langer Haltezeiten zwischen *Hauptbahnhof (HB)* und *Steinstraße (SN)*. Trotz zeitoptimaler Fahrweise wird der Anschlusshalt in *Kellinghusenstraße (KE)* nur verspätet erreicht. Die Linie U3 (grau) hingegen könnte pünktlich an der Haltestelle *KE* sein und somit den Anschluss pünktlich gewähren. Im heutigen Betriebsverfahren würde eine Fahrt nach Fahrplan realisiert werden und die Linie U3 müsste an der *Kellinghusenstraße (KE)* auf den Zubringer der Linie U1 warten.

Bei der vorausschauenden Fahrweise auf einen verspätet prognostizierten Anschluss ergibt sich zusätzliche Fahrzeit für die pünktlich verkehrende Linie U3 (Abbildung 6). Folglich kann auf den Abschnitten zwischen *Schlump (SL)* und *Kellinghusenstraße (KE)* der Linie U3 eine

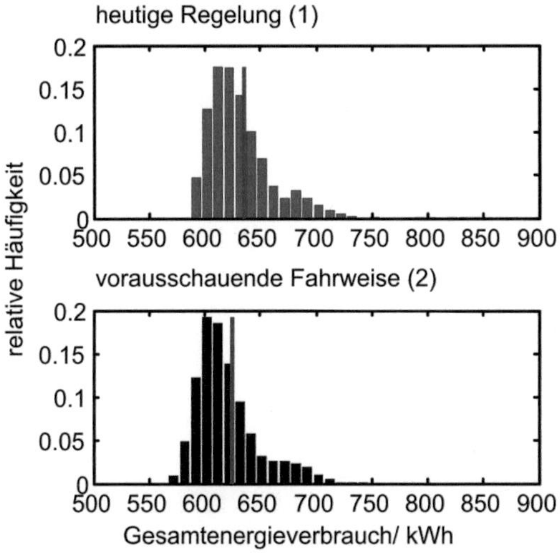


**Abbildung 7:** Verteilung des Gesamtenergieverbrauchs (HVZ).

längere Fahrzeit angewendet werden. Durch die geringfügige Verlängerung der Fahrzeit auf diesen zwei Abschnitten kann bis zu 20 % Energie des Abbringerzuges eingespart werden kann.

### Gesamtauswertung

Der in den untersuchten Szenarien simulierte Energieverbrauch ist in Abbildung 7 als relative Häufigkeitsverteilung für beide Arten der Fahrzeitenregelung dargestellt.

Durch die zufälligen Fahrgastwechselzeiten werden folglich sowohl sehr geringe als auch sehr hohe Energieverbrauchswerte verursacht, was der Realität entspricht. Es wird deutlich, dass mit dynamischer Fahrzeitenregelung eine höhere Anzahl geringe Energieverbräuche erreicht werden kann, als mit der heutigen Art der Steuerung. Durch den Einsatz der vorausschauenden Fahrzeitenregelung wird in 99 % aller Szenarien Energie gespart. Damit kann auch eine Energieeinsparung über alle Szenarien nachgewiesen werden. Diese liegt je nach Tageszeit und Fahrtrichtung zwischen 2 % und 3 %.

Darüber hinaus wurden die Fahrplanabweichungen im Gesamtnetz analysiert und bewertet. In Abbildung 8 sind die Fahrplanabweichungen der Abfahrtszeiten der Linie U2 in der HVZ in Klassen einer Breite von 5 Sekunden dargestellt. Hier ist deutlich erkennbar, dass durch die vorausschauende Fahrweise (2) etwa ein Viertel weniger Zugfahrten in der Klasse bis maximal 5 Sekunden Fahrplanabweichung liegen. Die Häufigkeit der Abfahrten mit geringen Fahrplanabweichungen nimmt in den Klassen 5-10 Sekunden, 10-15 Sekunden, 15-20 Sekunden bzw. 20-25 Sekunden in gleichem Maße zu. Dies zeigt, dass bei Fahrten, die bei der derzeitigen Betriebsführung sekundengenau pünktlich abfuhren, mit vorausschauender Fahrweise Fahrplanabweichungen bis zu 30 Sekunden zusätzlich auftreten. Die sekundengenaue Pünktlichkeit sinkt also zugunsten der Verringerung des Energieverbrauches.

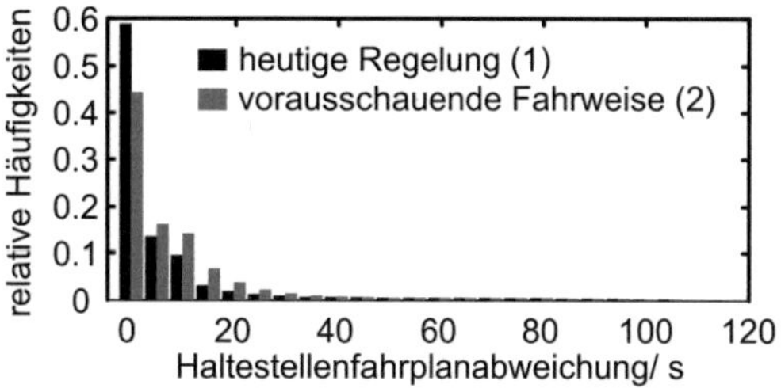


**Abbildung 8:** Fahrplanabweichung der Abfahrtszeiten an allen Haltestellen (HVZ, Linie U2, Richtung 2).

Die Diagramme zeigen aber auch, dass der Anteil Abfahrten mit einer Verspätung von 60 Sekunden oder mehr durch die vorausschauende Fahrweise nicht zunimmt, d. h. im wahrnehmbaren und abrechnugsrelevanten Bereich bleibt das hohe Pünktlichkeitsniveau der Hamburger U-Bahn erhalten.

## 3 Zusammenfassung und Ausblick

Schon das derzeit bei der Hamburger Hochbahn installierte Assistenzsystem für eine energiesparende Fahrweise führt zu Energieeinsparungen zwischen 5 % und 15 % und trägt damit wesentlich zur hohen Energieeffizienz der U-Bahn bei.

Mit Hilfe einer dynamischen Fahrzeitenregelung kann die Wirksamkeit dieses Systems im häufig vorkommenden Fall kleiner Fahrplanabweichungen noch weiter gesteigert werden. Gegenüber der heutigen Regelung lassen sich zusätzlich 2 % bis 3 % Energie einsparen, ohne dass das wichtige Qualitätskriterium Pünktlichkeit nennenswert beeinflusst wird.

Der Fahrplan und die dort enthaltenen Reserven (Fahrzeit / Haltezeit) stellen in Kombination mit den verfügbaren Abschaltgeschwindigkeiten die wichtigste Randbedingung für eine solche Optimierung dar. Gleichzeitig begrenzen die definierten wichtigen Haltestellen, an welchen ein Fahrzeug sekundengenau pünktlich sein soll, das Optimierungspotenzial. Eine Verringerung der Anzahl wichtiger Haltestellen bei einer gleichzeitigen Erhöhung der maximal tolerierten Fahrplanabweichung an den untergeordneten Haltestellen würde der Optimierung mehr Freiräume bereit stellen und der dynamischen Fahrzeitenregelung folglich noch größere Potenziale erschließen.

Da die Umsetzung der dynamischen Fahrzeitenregelung bei der Hamburger U-Bahn ohne eine Veränderung der betriebstechnischen Infrastruktur erfolgen kann, halten sich die Kosten dieser Maßnahme in engen Grenzen. Die HOCHBAHN hat daher bereits mit den Vorbereitungen für eine Realisierung begonnen. Sie betrachtet die Maßnahme als einen weiteren Schritt zum schonenden Umgang mit endlichen Ressourcen, ein Schritt, welcher ganz dem nachhaltigen Handeln entspricht, zu dem sich das Unternehmen verpflichtet hat.

## Literatur

[Alb02] T. ALBRECHT und S. OETTICH: „A new integrated approach to dynamic schedule synchronization and energy saving train control“. In: *Computers in Railways VIII*. Hrsg. von J. J. ALLAN. WITpress, 2002, S. 847–856. ISBN: 978-1-85312-913-1.

[Kol08] M. KOLONKO: *Stochastische Simulation – Grundlagen, Algorithmen und Anwendungen*. Wiesbaden: Vieweg + Teubner, 2008. ISBN: 978-3-83510-217-0.

[Mie69] A. MIES: „Fahrdynamische Grundüberlegungen für die Automatisierung von Schnellbahnen — Die Hamburger Konzeption“. In: *Verkehr und Technik* 22.8 (1969), S. 224–227.

[Pot75] G. POTTHOFF: *Verkehrsströmungslehre*. Berlin: Transpress, Verlag für Verkehrswesen, 1975.

[Rad98] A. RADTKE, L. MÜLLER und A. SCHUMACHER: „DYNAMIS: a model for the calculation of running times for an efficient time-table construction“. In: *6th International Conference on Computer Aided Design, Manufacture and Operation in the Railway and Other Advanced Mass Transit Systems*. Lisbon, Portugal, 2.–4. Sep. 1998. DOI: 10.2495/CR980301.

*Korrespondierender Autor: Anne Binder, Technische Universität Dresden, Fakultät Verkehrswissenschaften „Friedrich List“, Telefon: +49 351 463-36764, E-Mail: anne.binder@tu-dresden.de*

# A Precise and Reliable Train Positioning System and its Use for Automation of Train Operation

**Thomas Albrecht**[1], **Katrin Lüddecke**[2], **Jörg Zimmermann**[1]
[1] Technische Universität Dresden
[2] German Aerospace Center, Braunschweig



## Abstract

For train positioning purposes, modern train control systems usually use a mix of on-board sensors providing relative measurements (like odometer) and infrastructure equipment (such as balises) for absolute positioning. In order to overcome the disadvantages of fixed installations for positioning along the track, a modular on-board positioning system based on GNSS (Global Navigation Satellite System) is being developed in the German national research project *PiLoNav*. GNSS receivers provide absolute positioning information, whenever satellite signals are available. The measurement accuracy can be augmented using relative positioning with respect to a reference station, e.g. with RTK (Real-Time Kinematic) algorithms. Additional on-board sensors are integrated into a multi-sensor framework and can be used to increase both accuracy and reliability of the position information. Alternative sensor configurations can be examined within this framework in order to identify a solution for a cost-efficient positioning system which delivers values with high accuracy and reliability. The obtained positioning information will be provided to different applications on-board with the aim to increase the level of automation in different train driving tasks.

**Keywords:** Satellite navigation systems, Rail transportation, Automatic control

## 1 Introduction

Knowledge about the position of each rail vehicle in the route network is compulsory for both safety and non-safety relevant applications.

Nowadays, the positioning of trains for safety-relevant applications is usually realized by track-side equipment or a combination of track-side and vehicle-borne systems. Whereas in the conventional railway network positioning precision is only at the level of track vacancy detection sections or lower, high precision train positioning is to be found in highly automated rail systems only. Because of the high cost e.g. associated with the required reliability and accuracy of the positioning solution, they are mainly applied on lines with high traffic demand, which justifies the expenses from an infrastructure manager's point of view. Examples are:

- European Train Control System (ETCS) Level 2: The positioning is based on absolute position information from balises laid along the track and use of odometry on board. Only little information can be found how many balises have to laid for this purpose. In [Ter12], balise position uncertainty and geographic data uncertainty is given with typically 5 m, odometry errors resulting from tachometer errors are given with typically 1 % of the distance from the last balise.

- "Trainguard MT" [Rah13]: The current generation communication based train control (CBTC) system is based on wireless communication between track and train, continuous train positioning and train integrity monitoring. Positioning is based on a solution of fixed point balises and on-board odometry (radar, wheel counter). More balises are laid close to target points along the track in order to improve the positioning accuracy.

- "CRV/ AVV" [AZD13]: This is an automatic train operation system (ATO) in commercial operation in Czech Republic on some heavy-rail lines, e.g. to permit automatic driving according to the principles of energy-optimal train control. Therefore, the lines are equipped with specific balises, wheel-counters are used for relative positioning on the train. The precision for automatic target braking is given with 2 m.

- "LZB" [Bai95]: On some High Speed Lines in Germany and Spain, but also in the Munich S-Bahn system, the system LZB was installed for improved safety and traffic flow. The positioning principle is fundamentally different from the above mentioned systems. Umbilical cable loops are laid along the track, which are used for both safe data communication and positioning. The on-board system detects crossings of the cable (every 100 m) and determines the position between these crossings using odometers.

All above cited systems require the use of fixed installations along the track, whose costs are at the infrastructure manager side only. These trackside installations might require little maintenance effort themselves, but can cause significant additional effort during regular track maintenance. Antennas which are to be mounted on the train have to fulfill high requirements on robustness as they are mounted below the vehicle and thus are exhibited to e.g. snow, ice and ballast.

With the operation of Global Navigation Satellite Systems (GNSS) and their further improvements new opportunities arise with respect to the development of more precise systems which provide positioning information on board the vehicles. The goal of pure train based high precision positioning is to reach a higher level of automation on-board of the train for the railway undertaking without investments in the infrastructure. Then the railway undertaking which also benefits from automation can make up an independent business case.

A variety of projects have been conducted with the aim of developing GNSS-based absolute positioning systems e.g., [Bec06; Lud11]. The major drawback of previous projects and developments is the lack of an integrity indication which is obligatory for safety critical applications. Moreover, several systems do not reliably provide track-selective positioning information, and also precise height information is not always available because of imprecise digital maps or inaccurate positioning systems, although it is especially relevant for energy-saving purposes. Some systems do provide continuous and accurate positioning information, but the interface is restricted to one application only and thus, the positioning information cannot be used easily for other purposes.

The results of the project *PiLoNav* "Precise and Integer Localisation and Navigation in Rail and Inland Water Traffic" are meant to overcome these constraints. The project is funded by the German Federal Ministry of Economics and Technology from 2010 until 2014. The aim of the project is the development of a sensor fusion based positioning system for the highly precise determination of the position, movement and time of a rail vehicle. The integrity of this data has to be determined as well. This information shall be provided centrally on the vehicle. By the means of this system new rail and inland water specific applications are developed and tested. However, in this contribution, the focus is on the rail specific developments. The **T**rain **L**ocation **U**nit, called TLU, is designed for an operation on both heavy and light rail including tramway vehicles. Due to the central role of GNSS in the system, the TLU is not intended to be installed in metros.

The TLU will provide precise information on the train state. This can be used as an input for real-time control applications, e.g. for automation of train control. The precision requirements for the TLU depend on the control applications themselves. Target braking (towards stations or signals) is seen as application of highest precision requirement, controllers need precise position information especially at speeds close to standstill. At higher speeds, even small unknown time delays in the control loop would render a very high position precision useless: if the train moves at 36 km/h and an unknown time delay of 0.1 s exists, the train has already moved 1 m during that time delay. Thus, the precision requirements can be set less stringently for higher speeds.

The requirements as aimed at in the project are summarized in table 1. For the low-speed category the requirements on the accuracy of the position along the line as well as the speed are higher than for speeds above 30 km/h.

This paper presents the overall system concept of the TLU as well as innovative solutions for railway applications based on this system, explains the use cases and highlights potential benefits.

**Table 1:** Classification of accuracy requirements for the TLU.

| Measurement value | Required Accuracy $v \leq 30\,km/h$ | Required Accuracy $v > 30\,km/h$ |
|---|---|---|
| Position along the line | 0.25 m | 1.0 m |
| Height | 1.0 m | 1.0 m |
| Speed | 0.1 m/s | 0.5 m/s |
| Acceleration | $0.1\,m/s^2$ | $0.1\,m/s^2$ |

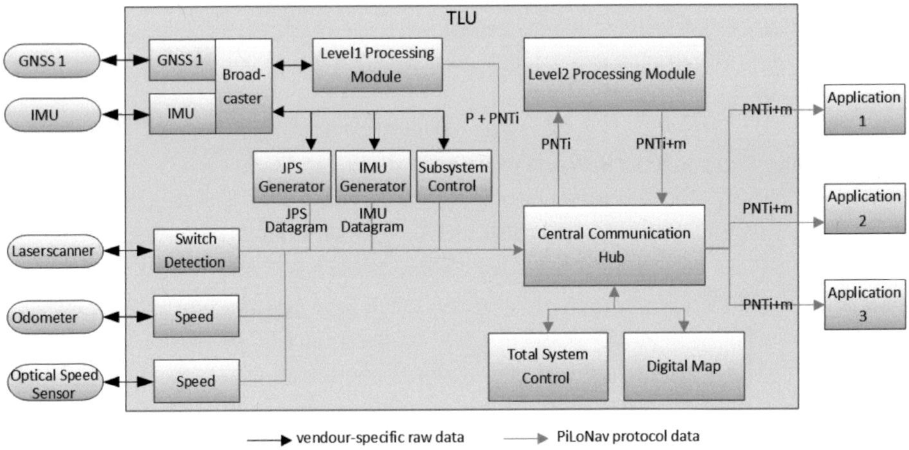


**Figure 1:** Overview over the System Architecture of the TLU.

# 2 System concept

## 2.1 Multi-sensor framework

The Train Location Unit (TLU) is developed as a modular and flexibly expandable positioning system. The total system is subdivided into subsystems, which are connected to each other via specified interfaces and a central communication hub. Knowing these interfaces, subsystems can be easily replaced or added. Figure 1 shows the functional system architecture of the TLU, and a sample of sensor and application subsystems which are not part of the TLU.

The core of the TLU are the subsystems of the level 1 and level 2 processing. Therein the various sensor data are combined by applying different fusion algorithms in order to determine the vehicle position. The level 1 processing module works with raw data of the level 1 sensors. These are at least a GNSS antenna and receiver as well as an inertial measurement unit (IMU), which is a common combination also for the positioning of vehicles of other means of transport. The positioning result of the level 1 processing is provided in a PNT-I data set (position, navigation, time and integrity). The position includes both WGS84 (World Geodetic System 1984) coordinates and the direction of travel. The navigation data refer to the motion of the vehicle in terms of speed, acceleration, orientation and angular rates. For each of the measures an integrity value is computed, which states whether the variance is below a predefined threshold.

Rail vehicles always move along a defined track in one dimension only. Therefore sensors for speed or distance measurement along that dimension can be used to improve the measurement accuracy. Further sensors can be integrated, which determine reliably on which of several parallel tracks a train is moving, the so-called track selective positioning. This is realized in the level 2 processing module by combining the PNT-I data of the level 1 processing module with additional level 2 sensor data (e.g. laser scanner and speed sensors) and the description of the route network which is stored in a digital map database. The digital map subsystem does not only provide topological and geometrical but also topographical and operationally relevant geodata. Applying the digital map for map-matching algorithms enables the fulfillment of the track selectivity requirement. The output of the level 2 processing is a dataset called PNT-I+m data which contains in addition to the PNT-I dataset also the ID of the track the train is traveling on and the position along that track.

This dataset is then broadcasted using the fast UDP (User Datagram Protocol) to the different applications which are outside the scope of the TLU. The applications have access to the digital map inside the TLU which guarantees consistent use of the PNT-I+m coordinate system throughout the positioning and application modules.

Both processing levels are composed of a number of processors, the smallest possible software unit which fulfills one or more functionalities of the demonstrator and cannot be subdivided. Several processors are interconnected to more complex software modules in the form of processor chains. The modular architecture of the TLU, especially of the processing modules, allows an easy adaption of the systems in accordance with the given requirements and existent constraints later on. The central communication hub routes all sent messages on the basis of data telegrams of all types towards the respective target sub systems.

The system control is hierarchically designed and consists of three main components: the total system control, the different subsystem controls and the human machine interface (HMI) of the system control. The total system control serves for the monitoring and control of the subsystems and the system as a whole.

The sensors themselves are not part of the TLU. However, since they are the basis for the TLU the most relevant ones including the digital map and their functions are described in the following paragraph. Some general railway map-matching principles are outlined afterwards.

## 2.2 GNSS-RTK

In the last decades Global Navigation Satellite Systems (GNSS) have changed the navigation of vehicles. GNSS is the generic term for different systems, such as GPS (United States), GLONASS (Russia), BeiDou (China) and the future Galileo (Europe).

The achievable accuracy of a navigation system is an important criterion for a lot of applications. With stand-alone GNSS positioning, an accuracy of 10 m can be reached today. Code based Differential GNSS (DGNSS) enhances the horizontal accuracy below one meter

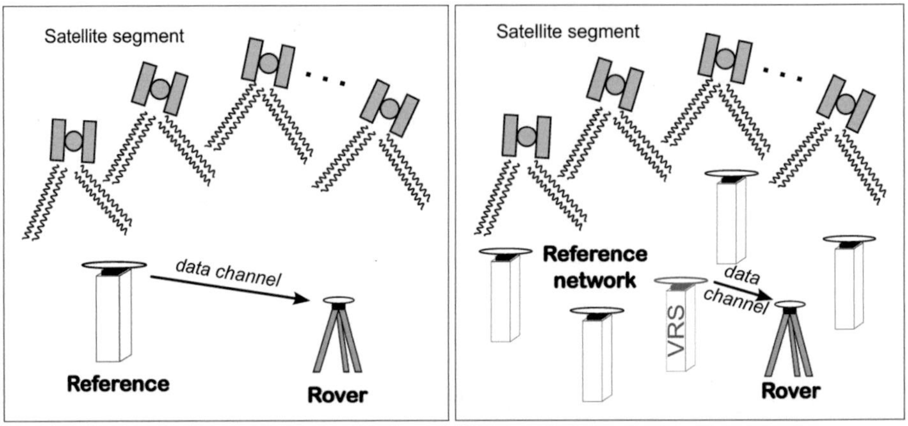


(a) The reference station is a single receiver.

(b) The reference is a Virtual Reference Station (VRS) with its observation being calculated from a network of reference stations.

**Figure 2:** Different ways of realizing real-time kinematic (RTK).

under ideal circumstances [Hof08]. The accuracy of the height is worse by a factor of 1.5 to 2 [Hof08]. If cm-level accuracy is needed for real-time applications, only Real-Time Kinematic (RTK) can be considered. For that purpose phase observations on both frequencies are required in addition to pseudorange measurements. The reachable accuracy of all GNSS positioning types depends on many factors, for instance shadowing effects, multipath, or Dilution of Precision (DOP) factors.

RTK further uses the relative positioning approach, which can reduce or eliminate various errors (e.g. orbit, satellite clock, troposphere and ionosphere) by differencing simultaneous measurements of two stations. Due to subtraction of observations only the vector between the two stations can be determined, also known as baseline. If the position of one station (reference) is known, the calculated vector can be appended so that the absolute coordinates of another station (rover) are computable.

The described differentiation is only possible, if the phase observations of the reference station are transferred in real-time to the rover (see figure 2 a). For that purpose a suitable communication channel must be available. The bandwidth of the data channel is dependent on the number of the visible satellites, e.g. about 3000 bps for 12 satellites. In the field of surveying, mobile internet are used as data channel.

Due to decorrelation of errors between reference and rover stations the length of the baseline should not be longer than 20 km. Otherwise precise positioning is not possible mainly because of the ionospheric effects. These distance dependent errors can be modeled in a network of reference stations. Depending on the implementation either virtual observations (VRS) (see figure 2 b) or area correction parameters are transferred to the rover. Network RTK services are offered in many countries. SAPOS, ascos, "Trimble VRS Now" and "SmartNet Germany" are existent services in Germany.

On the expansion of railway networks, network RTK services are the most suitable solutions for precise train positioning systems.

## 2.3 Other sensors

The output of GNSS receivers is characterized by a long-term stability of the data but it misses short-term stability. Since data of inertial measurement units (IMU) show converse characteristics they are combined with the GNSS data. IMUs provide information on the accelerations and turn rates in the three dimensions in space.

An optical sensor is used to improve the accuracy longitudinally to the track. It enables a slip-free speed measurement of the vehicle. The slightly structured, moving railhead is illuminated with LEDs (light emitting diodes) and the picture is analyzed by diffraction gratings. The distance results from the integration of the speed values over time.

The information derived from a laser scanner is mainly used to detect switches and the way in which the rail vehicle has passed them. Thus it enables a track-selective positioning and improves the localization transversal to the driving direction. The laserscanner chosen for the TLU emits signals at a wavelength of 905 nm (infrared) with a maximum field of view of 190°.

The laser scanner is also used to detect characteristic elements of the track superstructure and the surroundings, such as signal posts and tunnel portals. Knowing the exact position of these elements from the digital map they can be used as absolute reference points in the positioning algorithm, and in this way, they help to improve the position accuracy also in longitudinal direction.

## 2.4 Map-matching approaches

While during normal operation a train always moves along the railway network, the absolute position as determined in level-1 of the TLU (usually specified in WGS84 coordinates also referred to as world coordinates) might not be on that network due to measurement errors as illustrated in figure 3. The so-called map-matching is applied which serves for two main purposes:

- improve positioning accuracy by reducing the search space to the actual railway network,
- transform the world coordinates delivered by the TLU to coordinates in the railway network which allow for the applications to compute distances to objects along the route of the train.

Two basically different approaches can be chosen for map-matching as illustrated in figure 3.

For any safety critical or operational application with high precision requirements on positioning, the knowledge of the future route of the train is essential to have on board of

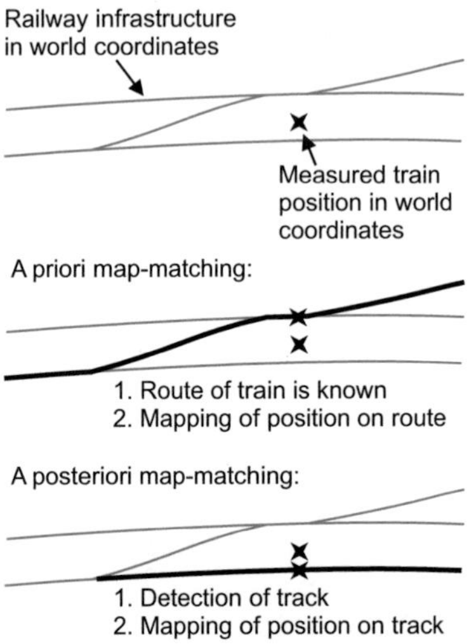


**Figure 3:** Comparison of different map-matching approaches. It can be seen that depending on the selection of the track a different position is obtained.

the vehicle, e.g. in large railway stations, there might be many different entry routes with different lengths and permitted speeds. Then, a priori map-matching can be executed, i.e. the multi-dimensional world coordinates can be transformed into a single coordinate "position along the route" using the route knowledge and a model of the network. The route of the train is known in advance e.g. in state-of-the-art Communication-Based Train Control systems (CBTC) [IEE04].

The more general map-matching case and also the one which is more widely examined in the literature [Lud11] is the case where the on-board systems have no knowledge which route a vehicle will take. The first step in this approach is the identification of the track the train travels on. This can be done e.g. using a sequence of positions describing the movement of the train in high resolution and matching the recorded line to the map or by detecting the direction a switch has been passed using particular sensors. In a second step, the position along that track is determined e.g. using point to line matching. As the track is only identified after the train already travels on it, this approach could be called reactive or a posteriori. It is useful e.g. to detect on which platform a train will arrive inside bigger stations and then to conclude on which side the doors will have to open (for passenger information systems or automation of door release).

Both map-matching applications require the use of a digital map, where a translation between world coordinates (here: WGS84) and rail coordinates (usually track ID and position along the track) is described. The digital map used in the project *PiLoNav* contains the topology of the railway network, its geometry and further application specific information. Therefore the map is structured into layers. Based on the topology layer with the node-edge model of the route network and the geometry layer with the coordinates of all relevant infrastructure elements it can easily be expanded by additional layers. The digital map is stored in a database, data can be imported or exported in railML® standard version 2.2 [RML13]. A project specific extension was made to railML® to describe the accuracy of the map.

# 3 Applications

## 3.1 Safety layer

On the safety layer it will be shown in how far the precision and reliability of the speed and position of the proposed *PiLoNav* positioning system can be used within safety relevant ATP (Automatic Train Protection) applications. Modern ATP systems like ETCS or CBTC are able to consider positioning precision in the computation of the braking curve. Thereby they are based on the assumption of a positioning error which is growing linearly over distance. This assumption is based on the application of wheel counters (odometers) and the tolerated limits of the wheel diameters. The error is reset at reception of fixed-position balise telegrams to the position error of the balise itself.

In the *PiLoNav* system, the current estimated measurement error is given, but in contrast to the linear prediction made for conventional systems, no reliable worst case prediction for the positioning error can be made for the overall positioning solution. For the safety layer it shall therefore be assumed that the maximum error is still to be determined by the linear odometry error. If the actual positioning error is smaller than the currently estimated positioning error, the maximum train position can be reset to the estimated train position plus the measurement error as computed by the TLU.

## 3.2 Operational layer

The operational layer contains ATO functions, in particular functions for energy-optimal speed control and time-optimal target braking are implemented. The literature on ATO and energy-optimal train control is scarce, one implementation by Siemens is described in [Bru10]. It is explained that the simulated speed curve is taken as input for acceleration control. In case of deviations from the simulated coasting trajectory, regulative actions are taken. In metro systems, where that described controller is in operation, these deviations might be small, but in heavy rail systems targeted here wind and other weather conditions might lead to e.g. varying coasting behaviour more frequently. Furthermore, small control values (either tractive effort or (electric) braking effort) usually have a low efficiency and should therefore be avoided [Fra00]. In our approach this negative effect is avoided by applying coasting directly (setting tractive and braking effort to zero) and by re-computing the optimal trajectory in case of deviations.

Using high precision position and speed information for real-time automatic train speed control could open more potentials for energy saving also compared to Driver Advisory Systems as they are now in operation on several railways in Europe [Mit09]. These are mainly based on GPS. Due to its low precision in speed and position, these systems cannot

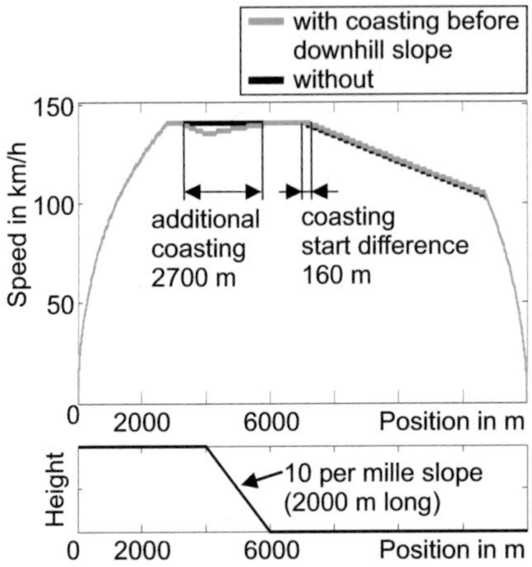


**Figure 4:** Example for a trajectory using coasting before a slope compared to a trajectory not using coasting before slopes because of position and speed inaccuracy. The differences in the coasting phases lead to energy savings of 4 % of the solution with coasting before the slope. It should be noted that the length of the final coasting phase is only minimally different.

reliably determine whether coasting phases close to maximal speed, e.g. before downhill slopes shall be advised, because it cannot reliably be determined how the driven speed relates to the permitted (and supervised) maximum speed. Figure 4 gives an example for such a situation, where the principles of energy-optimal train control suggest that the train should start coasting shortly before a downhill slope of 10 ‰ in order to reduce its speed from line speed to 5 km/h below line speed at the beginning of the slope and return to maximal speed transforming potential energy to kinetic energy on the downhill slope. With inaccurate and unreliable positioning technology, advising this coasting regime is critical because advising too early might lead to a decrease in speed which cannot be recompensed by the slope and the driver might then question the given advise, which might lead to a general bad acceptance of the advisory system.

The problems mentioned can be solved with the approach described here. The high availability and precision of the *PiLoNav* positioning solution allow to use the energy-optimal trajectory which can save between 1 % and 8 % of energy (4 % in the example given in figure 4) compared to the trajectory which only coasts before target braking and which is therefore not energy-optimal. The amount of energy saving depends of course on the exact track geometry (size and length of slope) as well as vehicle running resistance, but generally it can be stated that the solution with coasting before slopes is always better than a solution not using this policy.

The high precision of the positioning solution is a prerequisite for automatic implementation of the energy-optimal trajectories in an ATO like system. Because of the mentioned advantages it might even be interesting to replace GPS as sensor in Driver Advisory Systems and thereby increase their applicability to tracks with bad satellite reception conditions.

### 3.3 Modeling layer

The main task of the modeling layer is to detect differences between the actual acceleration/ braking behaviour and the assumed model for both as known in the on-board systems and used e.g. on the operational layer. Such differences could be caused e.g. by wear and tear, by bad friction between wheel and rail or (in manual train driving) by driver behaviour. The most frequent and severe of these points are bad weather conditions, e.g. during the leaf fall season. This phenomenon occurs on locally restricted areas (high air humidity, trees in the area), but might have significant impact on the overall timetable adherence of all trains in the systems (trains need more time for braking / accelerating than normally). Our goal is to identify such a situation automatically and – by using this knowledge in the control of the entire fleet – prevent delays and avoid stops being missed or signals being passed at danger due to bad braking conditions. The subject is of particular relevance for frequently stopping (passenger) trains with usually high braking / acceleration effort and comparatively low mass (e.g. EMU / DMU).

Therefore the actual braking / tractive effort shall be computed from the measured acceleration of the train as provided by the TLU subtracting the resistive forces (running resistance, track resistance) from it. It should be noted that train mass and its distribution along the train have an influence on this equation and should be known as good as possible.

If the obtained actual braking / tractive effort is substantially smaller than the available maximal effort, it will be checked whether this deviation is specific for the train (or for the train / driver combination in manual driving mode) or the track by comparing the values obtained for different consecutive braking / acceleration regimes of the single train or by comparing it with other trains.

### 3.4 Helper function layer

Further functions which can be automated with high precision positioning are:

- operation of the traction circuit breaker at borders of power supply areas (as mentioned e.g. also in the ETCS specification),
- application of wheel flange lubrication in curves in order to reduce noise,
- door release at platforms

which are all regarded under the helper function layer. The task on this layer consists of identifying a starting point where to take a certain action and a termination point where to stop afterwards. For door operation, further the side of the train where to open the doors needs to be decided. This requires the identification of the exact track and the availability of platform information in the track database.

## 4 Conclusion

Train-based absolute positioning with high accuracy and reliability is one means to increase automation of train operation. As no installations on the track are necessary, the railway undertakings can create a business case and project plan independent of costly and time-consuming track work. A data interface between traffic control and on-board positioning module should be available for the optimal use of the high accuracy positioning technology.

The developed positioning framework will be demonstrated on a real-world railway in Saxony from autumn 2013. It shall be examined, whether and how different sensor setups and algorithms can fulfill the accuracy requirements under difficult satellite signal reception conditions (tunnels, narrow valleys). Some of the described applications will also be tested in the real-world railway, however those of the safety layer will be tested in a simulator environment only.

Other possible applications using the high-precision positioning information shall be examined in the near future. These are e.g. automatic coupling of trains or the control of tilting trains.

## Acknowledgment

This work is supported by the Federal Ministry of Economics and Technology (BMWi) on the basis of a decision by the German Bundestag under grant number 19G10015A/B (keyword: *PiLoNav*).

## References

[AZD13] AZD PRAHA. *Product description CRV& AVV Aut. Train Operation*. 2013. URL: `http://www.azd.cz/en/products-1/systems-for-rail-transportation/`.

[Bai95] C. BAILEY, ed.: *European Railway Signalling*. London: A & C Black, 1995. ISBN: 9780713641677.

[Bec06] U. BECKER, F. HÄNSEL, J. MAY, J. POLIAK, and E. SCHNIEDER: "Vehicle Autonomous Positioning as a Basis for a Low Cost Train Protection System". In: *Proceedings of the ITS World Congress*. London, Great Britain, 2006.

[Bru10] N. BRÜCKNER and A. ISAILOVSKI: "CrCo - Ein Algorithmus zum Einsparen von Fahrenergie". In: *Signal + Draht* 102.10 (2010), pp. 43–46.

[Fra00] R. FRANKE, P. TERWIESCH, and M. MEYER: "An algorithm for the optimal control of the driving of trains". In: *Proceedings of the 39th IEEE Conf on Decision and Control*. Sydney, Australia, Dec. 12–15, 2000, pp. 2123–2127. ISBN: 0-7803-6638-7.

[Hof08] B. HOFMANN-WELLENHOF, H. LICHTENEGGER, and E. WASLE: *GNSS-Global Navigation Satellite Systems*. Wien, Austria: Springer-Verlag, 2008.

[IEE04] IEEE: *1474.1™-2004 IEEE Standard for Communications-Based Train Control (CBTC) Performance and Functional Requirements*. IEEE, 2004.

[Lud11] K. LÜDDECKE and C. RAHMIG: "Evaluating Multiple GNSS Data in a Multi-Hypothesis Based Map-Matching Algorithm for Train Positioning". In: *IEEE Intelligent Vehicles Symposium*. Baden-Baden, Germany, June 5–9, 2011, pp. 1035–1040. ISBN: 978-1-4577-0889-3.

[Mit09] I. MITCHELL: "The Sustainable Railway: Use of Advisory Systems for Energy Savings". In: *IRSE News* 151 (2009), pp. 2–7.

[Rah13] K. RAHN, C. BODE, and T. ALBRECHT: "Energy-efficient driving in the context of a communications-based train control system (CBTC)". In: *IEEE International Conference on Intelligent Rail Transportation (ICIRT) 2013*. Beijing, China, Aug. 30–Sept. 1, 2013.

[RML13] *railML Standard*. railML consortium. 2013. URL: `http://www.railml.org`.

[Ter12] N. TERRY: "ETCS for Worldwide Train Control". In: *IRSE Australasia Technical Meeting*. Brisbane, 2012.

*Corresponding author: Thomas Albrecht – contact via: Technische Universität Dresden, Faculty of Transport and Traffic Sciences "Friedrich List", Chair of Traffic Control and Process Automatisation, phone: +49 351 463-36784, e-mail: vlp@tu-dresden.de*

# Sumo as a Service – Building up a Web Service to Interact with SUMO

**Mario Krumnow**
Technische Universität Dresden

The paper was published in: Proceedings of the 1st SUMO User Conference (SUMO 2013), Berlin-Adlershof, May 15–17, 2013. series: Berichte aus dem DLR-Institut für Verkehrssystemtechnik, Band 21, pp. 108–115.

## Abstract

To interact with a simulation at runtime is often demanded within the scope of research studies. Therefore the microscopic traffic simulation software SUMO has a real-time I/O data interface (TraCI). This interface offers the possibility for a bidirectional communication between the user application and the simulation. Only few software implementations can handle that protocol, one of them is the Python TraCI Client being included into the simulation suite. Though depending on the preferred programming language, a specific implementation is needed. A solution designed to cover the problem is a standardized protocol interacting with SUMO, like the simple object access protocol (SOAP). This protocol can easily be integrated into a lot of programming languages, and is implemented as part of a Web service. This solution offers a lot of opportunities e.g. an unlimited number of clients.

**Keywords:** Microscopic Traffic Simulation, Web service, SOAP, WSDL

## 1 Motivation

The main reason for building a Web service is to make the communication with the Traffic Control Interface (TraCI) more comfortable, even for people who are not familiar with Python.

Due to a clear and user-friendly communication the SUMO user will be able to focus on the analysis of traffic and transportation data [SUM12]. Furthermore the Web service is platform-independent, which permits the user to utilize various kinds of programming languages. The Web service handles multiple connections simultaneously. This is a base requirement for using the micro simulation as a service in the field of traffic management centers [Oer12; Kri11]. Therefore it makes no difference where the application is located or which programming language has been used to interact with the simulation.

## 2 Implementation of the web service

### 2.1 Integration of TraCI

As a first implementation the programming language Java has been used to interact with SUMO, because Java is platform independent and very robust due to the embedded Exception Handling concept.

A project named traci4j[1] already implements a TraCI Handler that generates Byte Messages for the requests and responses for Java. So these parts of that code provides the base for a new Web service which is called TraaS (TraCI as a service).

In traci4j only a couple of TraCI functions has been implemented which show the main functionality of the written code. In order to offer as much functions as possible the software needs to be extended. The support of the subscription feature is not yet available.

A software tool has been developed which reads and interprets the available python code of the default TraCI client. The code is located in the installation package of SUMO. All recognized functions as well as the available comments have been stored in a single XML[2] file.

By then a determination in getter and setter methods has already been done. This means the functions have been marked with a couple of XML attributes. That import process is semi-automated due to the fact that the original Python source code does not follow a standardized schema.

In order to support this task a basic java software tool has been developed, which has the facility to show and edit the information of the XML within a graphical user interface (GUI). This tool uses the external library dom4j[3] for the XML parsing and JavaFX for the GUI part (figure 1).

After validating and editing the XML file over 200 methods have been named and described. The data type for each argument or returning value has been defined.

Subsequently another java program generates the required java classes by interpreting the XML file. This is an important part because files for the TraCI client as well as for the Java Web service are being created at the same time.

To work as a Web service every value has to be serializable to be embedded in a SOAP Message. There is no problem with primitive data types like double or integer which work by default. For other data types like the SUMO StringList or the compound structures some new Java classes has been generated. As a result the class SumoStringlist is an implementation of the Java List Object[4]. Some more classes have been generated in order to represent all necessary values of the appropriate compounds within the Python code.

The Java classes have the same function names as those used in the original Python code. Additionally the order of the arguments has been preserved. Usually Java methods can be distinguished into two types: on the one hand the getter methods with a returning value and

[1] `http://traci4j.sourceforge.net/`
[2] Extensible Markup Language
[3] `http://dom4j.sourceforge.net/`
[4] Part of the java collection framework

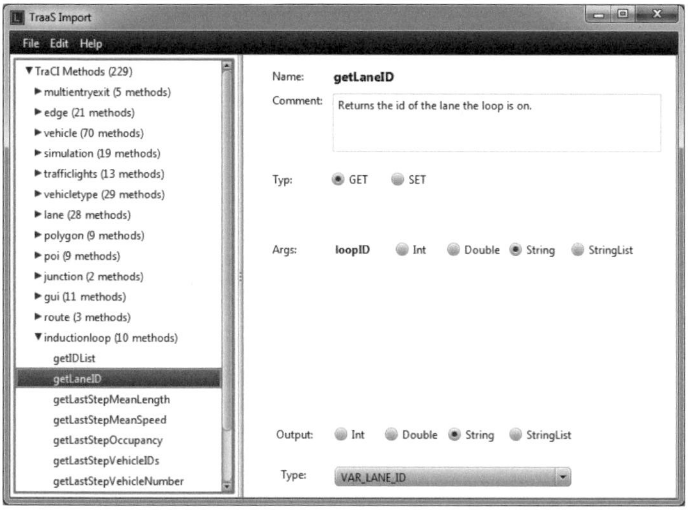


**Figure 1:** A graphical java tool to import the TraCI functions.

on the other hand setter methods without any returning value. All TraCI functions have been dedicated in one of those two issues.

In both cases the TraCI request message is constructed by a class called SumoCommand. Depending on the occurrence of a returning value the method is a getter or setter method.

For every command block an extra class has been generated. As a result there are at least thirteen different classes (figure 1).

It has been necessary to change several parts of the original traci4j code to support all these new data types. Furthermore some unnecessary parts were removed to simplify the application. At the end of that process the developed software does not have any external references like log4j[5] or similar dependencies.

The way the TraCI functions are imported is going to be improved in the future. The aim is to make the order of the arguments changeable. Moreover Test cases should be generated by default within the importing process.

## 2.2 Building the web service

To work as a Web service some java classes need to be added to offer the endpoint communication. This means that the service binds on a specific IP address and on a specific port. Consequently it is possible to have multiple Web server instances on a single server by using different ports. In figure 2 the concept of the Web service is shown.

To offer all the methods of the java TraCI client to the Web service another java class has been generated by the help of a script. All the public web methods have been marked with a special annotation. This is necessary to make the methods available for the Web service Client.

[5] http://logging.apache.org/log4j/2.x/

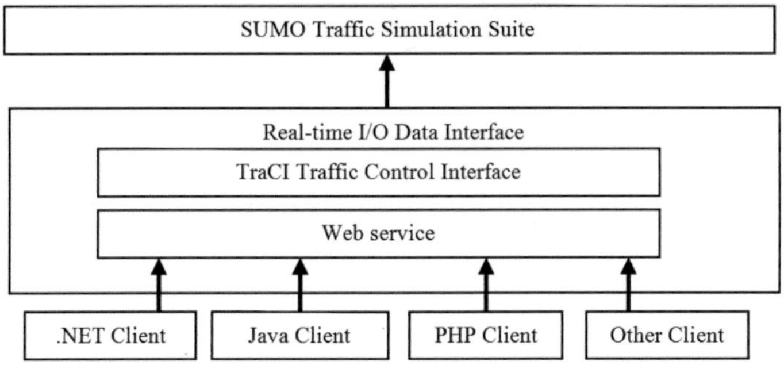


**Figure 2:** Concept of the Web Service.

```
<?xml version="1.0"?>
<S:Envelope xmlns:S="http://schemas.xmlsoap.org/soap/envelope/">
    <S:Body>
        <ns2:Lane_getShapeResponse xmlns:ns2="http://ws.tudresden.de/">
            <return>
                <coords>
                    <x>160.68</x>
                    <y>50.17</y>
                </coords>
                <coords>
                    <x>52.89</x>
                    <y>49.34</y>
                </coords>
            </return>
        </ns2:Lane_getShapeResponse>
    </S:Body>
</S:Envelope>
```

**Figure 3:** SOAP Message for a shape response.

For each method a prefix has been added to ease distinguishing between different command block functions by origin. Every method belonging to a vehicle, gets the prefix "Vehicle_" . For example the method for changing the lane of a vehicle is named Vehicle_changeLane(arg1, arg2).

By using the SOAP protocol the communication is based on XML messages, so the request and the response messages are encoded in XML. The bandwidth is much higher than the TraCI Byte communication because of the large overhead of XML. In figure 3 an example of such an XML response message for a lane shape request is shown.

The relatively huge bandwidth caused by the SOAP messages is a disadvantage. However considering that the bandwidth will not be the bottle neck in times of gigabit Ethernet networks this approach is sufficient. A comparison between the TraCI Byte code communication and the corresponding SOAP communication would be interesting, especially regarding to the emerging latency times.

```
for i in range(duration):
    traci.simulationStep()
    traci.vehicle.add('v'+str(i), 'route', 0, 0, 13.8, 0, 'car')
```

**Figure 4:** Python example for the benchmark.

```
for(int i=0; i<duration; i++){
    conn.do_timestep(1);
    conn.do_job_set(Vehicle.add("v"+i, "car", "route", 0, 0, 13.8, 0));
}
```

**Figure 5:** Java example for the benchmark.

## 2.3 Performance of the web service

In a first research a comparison has been made between the runtime using the original Python API and the TraaS Application. It is possible to use TraaS as a Java library, which can easily be integrated into a user Java application. In that case the main task is encoding and decoding of the TraCI Byte messages. This is equivalent to the SUMO Python Client. High loads of network packages will not appear. While running TraaS as a standalone Web service, the application handles all client connections. Moreover the encoding and decoding of the SOAP messages has to be done. Obviously the runtime increases because of the additional XML handling being used by the SOAP protocol.

Three different ways have been compared to interact with SUMO. Therefore a standard simulation case, inserting vehicles and increasing the simulation time, has been chosen. Firstly a Python Client has been written using the defaults Python API (figure 4). Secondly TraaS has been applied as a referenced library for a user Java application (figure 5). Thirdly a Java application, using TraaS as a standalone Web service, has been built. The last one is quite similar to the code snippet shown in figure 5. The command line options have been equal for the three examples.

The 64 BIT version of the SUMO application has been used for that benchmark. The applications have been executed on an Intel® Core i3 Processor with an amount of 4 GB of physical RAM available. By variation of the duration value the results in table 1 have been reached.

**Table 1:** Comparison of the different runtimes of the different applications.

| Duration | **Python Code** | **TraaS as library** | **TraaS as web service** |
|---|---|---|---|
| 500 | 1301 ms | 1620 ms | 3556 ms |
| 1000 | 4803 ms | 5300 ms | 8640 ms |
| 2000 | 19023 ms | 20012 ms | 25196 ms |
| 5000 | 123174 ms | 119071 ms | 131590 ms |
| 10000 | 481723 ms | 470295 ms | 509831 ms |

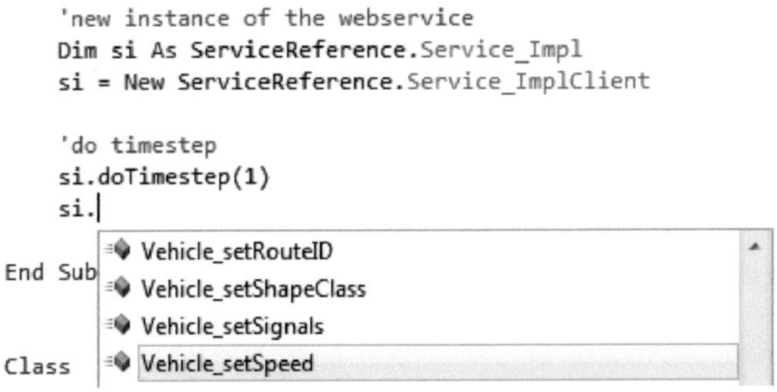


**Figure 6:** Example of a VB.NET Application.

The assumption that the runtime increases by using the Web service has been assured. This is important especially for simulations with small networks and a small traffic volume because the simulation takes significantly more time. In huge simulation scenarios the runtime of SUMO itself dominates the overall runtime. The time for communication is negligible short. As an interesting fact the runtime of TraaS used as a library is even shorter than the one of the originally Python example. To verify this assumption some more benchmarks need to be built.

## 3 Using the web service

The Web service implements a start function ensuring SUMO to be launched with a defined configuration file and listening on a specified port. Furthermore the different clients are able to connect to the Web service and have access to all of the getter and setter methods. For real time simulations a timer application is required, which does a simulation step. Building up new clients is a straight forward process because ready-made tools like the wsimport binary in Java. The build-in tools in MS Visual Studio for the .NET programming languages are used to integrate the Web service. The integration in Visual Studio is shown in figure 6.

The Web service has already been used successfully by students and research engineers at Technische Universität Dresden. Various scientific studies have shown the practical significance of the Web service and have helped to develop and improve its features. [Arl12; Kru12; Rei12; Wie13]

An example of a student research project [Wie13] is shown in figure 7. This work used TraaS as a library in order to interact with SUMO. A user-defined library has been used in front of the Web service to handle some default tasks, like the import and export of different data sources. A graphical user interface named SumoInteractive has been developed in Java. It offers the possibility to manipulate some vehicles in the simulation. By changing the values of some sliders the related parameters of the simulation are affected directly.

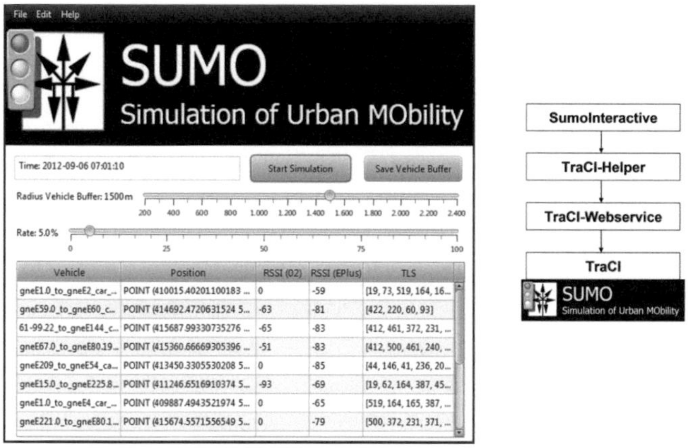


**Figure 7:** Example of a client application.

Another pending student work tries to implement the TraCI methods, offered by the Web service, into Mathworks® Matlab. These functions are available as basic toolbox functions, which can be easily integrated by drag and drop into the user project.

Consequently more detailed models of single vehicles become available. The accurate behavior of vehicles does not only depend on the car following model and the change lane model. In addition the specific attributes of a chosen engine can influence the target trajectories. Matlab is used for computing the corresponding gear and revolutions per minute. Hence the vehicles in the simulation adapt their velocity based on that computed Matlab model.

In the near future the Matlab Toolboxes should be generated automatically during the import process to have all the TraCI functions available in Matlab as well.

## 4 Conclusions

The use of a Web service in order to communicate with SUMO is very beneficial especially for educational purposes. Users can freely choose their preferred programming language and interact with the traffic simulation immediately. TraaS provides simple access to SUMO especially for users who are not familiar with Python.

Obviously the runtime of TraCI commands is longer while using the Web service. However this additional time is of less consequence in large simulation, because the runtime is determined mainly by the traffic volume.

A final target could be the integration of the Web service into the SUMO source code. With some new command line options the web service should be configured and activated.

In summer 2013 the project TraaS will become OpenSource under a General Public License (GPL) and will be hosted at SourceForge[6].

[6] http://sourceforge.net/

## References


[Arl12] A. ARLT: "Realitätsnahe Simulation des Verkehrsflusses auf der Süd-West-Umfahrung in Dresden mit SUMO unter Berücksichtigung des MIV und des ÖPNV". report student research project. Dresden: Technische Universität Dresden, 2012.

[Kri11] J. KRIMMLING, R. FRANKE, R. ENGELMANN, and M. KÖRNER: "Erfahrungen mit dem vollautomatischen baulastträgerübergreifenden Betrieb der Dynamischen Wegweisungskomponente im Operativen Straßenverkehrsmanagementsystem VAMOS". In: *Proceedings HEUREKA 2011 – Optimierung in Verkehr und Transport*. Forschungsgesellschaft für Straßen- und Verkehrswesen e. V. Köln, 2011.

[Kru12] M. KRUMNOW: "Schaltzeitprognose verkehrsadaptiver Lichtsignalanlagen im Rahmen des Projektes EFA 2014/2". In: *8. Tagung des Kompetenzzentrums VIMOS*. Dresden, Nov. 29, 2012.

[Oer12] R. OERTEL, M. KRUMNOW, J. KRIMMLING, and P. WAGNER: "Microscopic real-time simulation of Dresden using data from the traffic management system VAMOS". In: *Proceedings of the 19th ITS World Congress*. Wien, Oct. 25, 2012.

[Rei12] M. REICHE: "Vorher-Nachher-Analyse der Emissionsbelastung am Knotenpunkt Nürnberger Platz im Rahmen der ÖPNV-Bevorrechtigung des NSV-Projektes". report student research project. Dresden: Technische Universität Dresden, 2012.

[SUM12] *SUMO – Simulation of Urban Mobility*. Institute of Transportation Systems, German Aerospace Center. 2012. URL: `http://sumo.sf.net`. Accessed Aug. 29, 2012.

[Wie13] E. WIESSNER: "Analyse der Datenmengen der Car-2-Infrastructure Kommunikation durch realitätsnahe Simulation unterschiedlicher Testszenarien". report student research project. Dresden: Technische Universität Dresden, 2013.


*Corresponding author: Mario Krumnow, Technische Universität Dresden, Faculty of Transport and Traffic Sciences "Friedrich List", phone: +49 351 463-36780, e-mail: mario.krumnow@tu-dresden.de*

# Real-time Simulations based on live Detector data – Experiences of using SUMO in a Traffic Management System

**Mario Krumnow, Andreas Kretschmer**
Technische Universität Dresden

The paper was published in: Proceedings of the 1st SUMO User Conference (SUMO 2013), Berlin-Adlershof, May 15–17, 2013. series: Berichte aus dem DLR-Institut für Verkehrssystemtechnik, Band 21, pp. 64–71.

## Abstract

An accurate real-time simulation of traffic behavior requires a large amount of very specific data. It seems obvious that the use of currently measured data from the field is a great opportunity to lead a simulation as close to reality as possible. Once a realistic simulation of the traffic behavior is available, many applications are imaginable. It is possible to simulate different scenarios to support the decision making process. Forecasts of the impacts of different management strategies can be analyzed fast and easily to help improving the quality of urban traffic. Furthermore a prediction of future traffic states can be made using currently measured data of the traffic situation.

**Keywords:** Microscopic Traffic Simulation, Traffic Management, VAMOS, Dresden

## 1 Motivation

In the city of Dresden the regularly operated Traffic Management System VAMOS combines data from various traffic data sources, which provide information about the past and current traffic situation [VAM12]. Data from sensors and actuators can be used to feed and calibrate the micro simulation [Oer12]. Most of the data is collected by induction loops, which measure the traffic volume as well as the composition of traffic. Further sources for collecting traffic data are floating cars, which provide information about their own position and velocity. Recently gathered online data from actuators like traffic lights, variable message signs and variable traffic control units may also be used to feed the simulation. In consideration of the mentioned online traffic-data simulation tools like SUMO can be used to determine traffic situations for several parts of a traffic system, dedicated for different modes of transport (such as private traffic or public transport) as well as for the whole overall transportation system

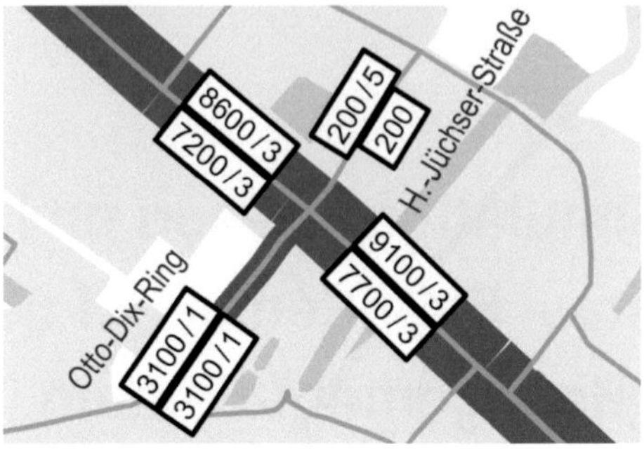


**Figure 1:** Part of a traffic volume map (format: daily traffic / percentage of heavy traffic).

[SUM12]. Altogether simulation assisted calculation might ease or even enable the estimation of traffic states for complex transport networks and at least help to improve forecast quality.

## 2 Data sources

Data from various sources like detectors or actors are collected and processed by the basic services of the management system VAMOS and finally stored in several relational databases. For some detectors even a continuous data stream is available, e.g. cameras or automatic traffic counters. The next section will give a small overview about the traffic data sources and how to use them in a micro simulation.

### 2.1 Traffic volumes

For the whole city of Dresden a up-to-date traffic volume map is available which represents information about the daily traffic volume and the percentage of heavy traffic (figure 1) [LHD13]. The traffic volume map provides no further information about the classification of the traffic volume into specific classes like cars, motorbikes or trucks. Though, that information is important for the calibration of the simulation and for reliable statements concerning the emission and the average speed in the SUMO network model.

Moreover, the traffic volume map contains no information about the distribution of traffic at intersections. For that reason the traffic surveys are carried out periodically to determine these distribution values. The information about the current traffic load is gathered by automatic traffic counters which can also be used to get knowledge about the traffic distribution.

### 2.2 Traffic lights (TLS)

To model the behavior of the traffic light control it is necessary to correctly reproduce the TLS program. Due to the fact that traffic light signalling differs in kind of control – especially regarding the degree of dependency on traffic situation and data – several approaches covering different cases have to be considered.

The simplest case is a fixed time control. Here the main task is to define the switching times for each signal group. This is typically done in TLS cycles where the initial timestamp of the first cycle has to be valid so that there is no offset to the TLS outside in the field. The more sophisticated case is the traffic actuated TLS control whereas dynamic cycle times and traffic influenced green phases exist. Besides the dependency on data about private traffic, controlling is particularly affected by input from and about public transport and has therefore to be considered for reproduction. For example, in Dresden more than 80 % of the TLS have the opportunity to interact with the public transport. At the moment the implementation of traffic actuated signal controls in SUMO is a complex and very time consuming process. The whole TLS logic has to be implemented in SUMO because tools to import native TLS programs, e.g. VS-PLUS[1], are not yet available.

One approach to integrate the input values for the TLS control is the usage of induction loops within the simulation. The data is then pushed to the TLS software control influencing the simulated TLS. Another approach is to build up a hardware-in-the-loop model. In this case an existing TLS hardware controller would be needed to put the data from the simulation to the controller input unit. The hardware controller generates signals for the TLS controlling which are pushed back from the controller output unit to the simulation.

Both variants are not useful for huge networks, because all current TLS algorithms have to be implemented either as part of the simulation or as specific model. Even the detailed maps including detector locations have to be reviewed and to be integrated into the simulation. Whilst execution of a simulation each single detector measuring value has to be transferred in real time to be considered within this simulation cycle. That means that various kinds of detectors like induction loops, cameras, traffic eye universals etc. have to be imported and calibrated correctly. A decision has to be generated whether the detector works properly and no systematic failures (like interchanged channel numbers for single induction loops) exist. Altogether, both approaches might lead to highly accurate simulation, but are nevertheless not or hardly affordable.

Highest priority was given to the simulation of a traffic network rather than one more exact copy of one single TLS controller. Thus, and because of the expected affords for the both approaches described above, another opportunity was taken into account. The third approach is to capture only the exact signal states of the TLS controller in the field and push them to the TLS in the simulation to override the state of the default traffic signal control. In comparison to the previously described approaches the third one demands a trustworthy simulation. This means the traffic volume and all the physical parameters have to match precisely with the reality which is hardly to achieve. In order to forecast the future signal states some algorithms for traffic actuated controllers have been developed [Kru12]. This information will also be pushed to the TLS control in the simulation to get some information for some decision making processes.

[1] independent control method

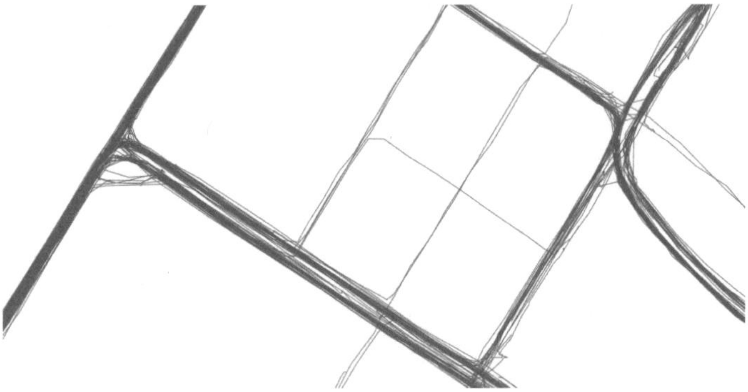

**Figure 2:** Generated map based on floating car data.

## 2.3 Floating car data (FCD)

In Dresden a fleet of 500 taxis collects floating car data. Position, velocity and an occupied flag are recorded every 5 seconds. These data are used to determine the level of service (LOS) for all parts of the entire traffic network. Several algorithms integrated in VAMOS verify the generated LOS messages by comparing the FCD message with other traffic detectors like automatic traffic counters [VAM12].

Moreover, it is possible to generate highly accurate maps of the entire traffic network. This depends on the accuracy of the GPS location and the frequency of the GPS tracker signal. In figure 2 the GPS location points are connected so that a map becomes visible.

These taxi FCD data can be used to validate the simulation findings. In cases of inaccuracy within the simulated scenario the velocity can be adjusted to a lower or even a higher value. Consequently vehicles on a specific link will be removed to dissolve traffic jams. Additionally the FCD data are suitable to decide whether the simulated traffic works well or not.

## 2.4 Public transport data

In Dresden most of the TLS are influenced by public transport. In order to reproduce a realistic behaviour of the public transport vehicles routes for busses and trams are specified. Subways or light rails were not modeled because they do not interact with the individual traffic on the roads.

The simplest approach is to use a fixed time schedule (accurate to a minute) for public transport representing realistic traffic behaviour in a rough manner only. For higher accuracy more information is needed, initially static information as the planned arrival time (accurate to a second), detailed information about the speed profile of the vehicles or the speed restrictions in front of curves or at tram switches.

Also information about the current location in association to the positions according to the time schedule and the dwell time at the stops are necessary. For that purpose the data of a special measuring tram which is part of the cooperation between public transport operators and the Technische Universität Dresden can be accessed. Additionally information results from corresponding probes gathered for bus and again tram lines with a mobile GPS logger. In summary, the first approach seems to be very rough, but allows gaining information for a whole network with less afford. The comparison to data of the additional information sources mentioned above results in good average quality and accuracy for public transport in Dresden. However, users have to consider that quality gathered according to the method of this first approach may depend on the operational and quality management of the public transport aiming to keep close to their time schedule. In case of special situations and therefore as requirement for high quality traffic and transport management this approach might not be suitable without restrictions.

According to the tasks in traffic management (e.g. management in case of large-scale events and in case of incidents relevant to the transport network) and as a base for high quality management the second approach deals with more situation depending data. As additional input real time data from the local transport company is available. This data is generated by an intermodal transport control system (ITCS) which is based on an analog radio system. By using a pull mechanism the position of each bus and tram is captured every 15 seconds.

With this data more accurate information about the arrival and departure times at the stops is available. Furthermore incidents or the location of transfer synchronization points can be identified. In a first implementation properties of both approaches have been considered and integrated: Trams as well as busses are put into the simulation at a specific time but already based on the information on the telegrams of the ITCS.

In future work the position of the public transport will be also controlled for the whole route by moving or teleporting forward or backward on the route. Also the routes of the public transport should be able to be adapted because of special events like returning to the depot or because of incidents in the network.

## 2.5 Parking data

The information about the current load of parking lots in the city is available. The management system also predicts a trend of the load for the next couple of minutes. At the moment this data is not used within the simulation. Nevertheless this kind of data might be used in the future to simulate a more realistic driver behaviour which is based on dynamic data.

## 2.6 Camera data

A lot of cameras distributed all over the city can be accessed by the management system. Most of the cameras are installed at the traffic lights to work as an optical detector for the TLS control. The video data will be used to validate the simulation results. Due to the lack of tools for automated integration and as the process for calibration of the image recognition is very time consuming, this validation is done in a manual way as a first step.

In the future important image recognition algorithms for cameras exclusively driven for traffic management might be calibrated for example to compare the current queue length with the queue length in the simulation.

# 3 Real time simulation setup

## 3.1 Building the network

SUMO has already a tool to import OpenStreetMap (OSM) data, which is not suitable for the road network of Dresden. Reasons are the low level of detail within the generated SUMO network, incorrect numbers of lanes per road section and incomplete information about primary and secondary roads. Finally, the existing net model of the traffic management system VAMOS was used as the base for a SUMO network. That model is mapped in a MySQL database where the geometries of all elements are stored in different tables. The VAMOS network model includes information about the geometry of each lane, the edges and the intersections. Also the connections between the lanes are available.

The task was to build SUMO shapes from the VAMOS geometries and import the information about the connections between the edges. Because of the XML exchange format of the SUMO net file, this task can be reduced to a simple conversion between both data sources.

## 3.2 Access to the simulation

To handle and simplify the integration of several and different data sources a universal interface is needed which can be accessed by several applications like the modules for handling the detector data. Another requirement is that the simulation should act as a service which means that the simulation will not terminate to a specific time. A suitable solution is a web service that interacts with SUMO and handles all connections to the several clients. This service (TraCI as a service – TraaS) was implemented in Java and will become OpenSource very soon. The Traas web service uses the well known Simple object access protocol (SOAP) instead of the TraCI byte code and is based on a TCP/IP connection.

In figure 3 the concept of the Web Service is shown. On the left side all input values are pushed to the service and will then be forwarded to different instances of SUMO.

# 4 First results

In a first realistic simulation an arterial of Dresden including 15 traffic signals with individual traffic as well as public transport vehicles was modelled. By the help of this model the advantages of the real-time I/O data interface are demonstrated [Arl12]. Other works [Rei12] dealt with the simulation of a single intersection, concentrating on the emission output of vehicles depending on the traffic signal program. As measuring emissions in practice is a real challenge, it is very helpful to have a simulation-based assessment in order to choose the best suiting signal program to reduce these emissions. An analysis of congestions in front

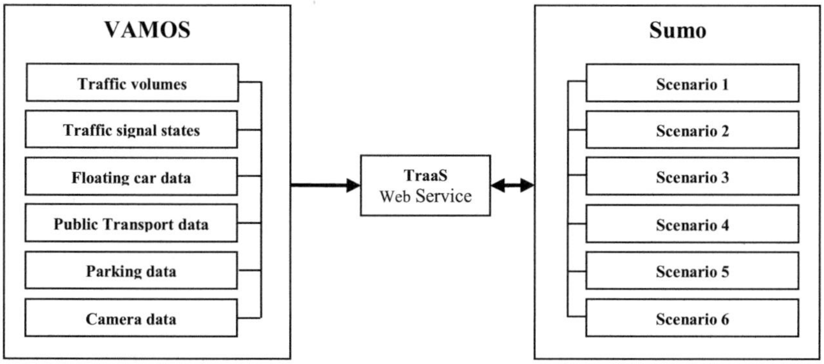


**Figure 3:** System setup to interact with different instances of SUMO.

**Figure 4:** Comparison between video image and simulation snapshot.

of intersections, depending on the traffic signal program, has also been carried out. Figure 4 shows, that video images and snapshots from the simulation can be compared to verify congestions at an intersection.

Most of the gathered test series seem to have sufficient quality in representing the real traffic situations and passed cursory plausibility tests. In figure 5 a comparison of the simulated velocity and the real velocity of a taxi is shown. The route has a length of approximately 9 km and various traffic adapted signal lights. At two discrete locations the traffic volume is measured with automatic traffic counters. The behaviour of the taxi driver in adapting the velocity is smoother. The opportunity to choose the maximum acceleration or deceleration of the vehicle is not used so often in the real taxi because of the forward-thinking behaviour of the driver. This driving style is also more comfortable for the passengers.

## 5 Conclusions

With the approaches described a first implementation of a real-time simulation based on live detector data has been developed and tested. The developed real-time simulations of specific

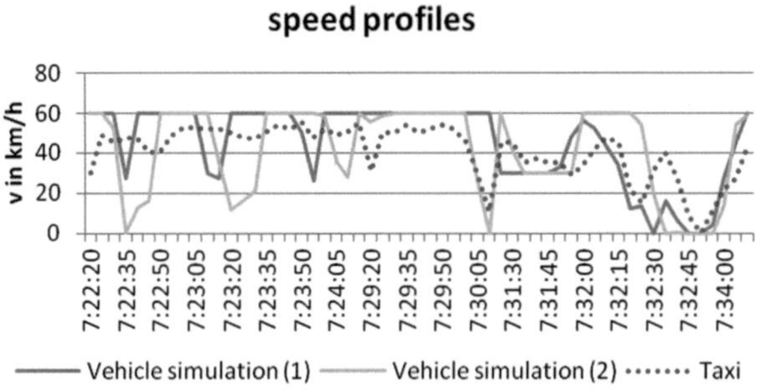


**Figure 5:** Comparison between simulated and real journey times.

traffic situations can be processed with SUMO very fast and offer the possibility for many output options. This various output data can be used as a base for extensive subsequent analytical processes. In order to predict the reaction of traffic participants on the applied strategy, many simulations can be run in a parallel mode.

According to the positive first results and the benefits seen in additional simulations one of the next steps should be the thoroughly analysis of data quality which can be achieved by using SUMO real time simulation. For further use in daily operation users and developers should be aware that data quality can be assumed as sufficient only while measuring and passing comparison to detailed data of the real traffic network. For that reason additional future tasks would be the definition of an initial calibration process and for the ongoing quality management based on supporting points.

Using live detector data in SUMO at least offers numerous possibilities for traffic analysis and, by the help of comparison, for the further development of the simulation software itself. A further main aspect is the supported replication of the current traffic situations by the simulation. Starting from that view it is particularly interesting to compare the progresses within the real traffic network with the one in the simulation environment. With the implementation and testing of real time simulation an essential pre-condition for the application SUMO for a variety of new tasks and especially for its integration into short term decision making processes has been carried out.

In particular, the potential for testing traffic management measures before applying them to the field actuators and mainly the opportunity to analyze more than one single traffic measure or more than one single strategy simultaneously or almost in real time let expect new and important findings.

Currently, research engineers and students of the Technische Universität Dresden are working constantly on the improvement of that kind of real-time simulations to ensure the quality and represent the reality as accurate as necessary.

## References


[Arl12] A. ARLT: "Realitätsnahe Simulation des Verkehrsflusses auf der Süd-West-Umfahrung in Dresden mit SUMO unter Berücksichtigung des MIV und des ÖPNV". report student research project. Dresden: Technische Universität Dresden, 2012.

[Kru12] M. KRUMNOW: "Schaltzeitprognose verkehrsadaptiver Lichtsignalanlagen im Rahmen des Projektes EFA 2014/2". In: *8. Tagung des Kompetenzzentrums VIMOS*. Dresden, Nov. 29, 2012.

[LHD13] *Verkehrsmengenkarte*. LH Dresden. 2013. URL: http://www.dresden.de/de/03/verkehr/verkehrsplanung/04/003_Verkehrsmengenkarte.php. Accessed Dec. 12, 2013.

[Oer12] R. OERTEL, M. KRUMNOW, J. KRIMMLING, and P. WAGNER: "Microscopic real-time simulation of Dresden using data from the traffic management system VAMOS". In: *Proceedings of the 19th ITS World Congress*. Wien, Oct. 25, 2012.

[Rei12] M. REICHE: "Vorher-Nachher-Analyse der Emissionsbelastung am Knotenpunkt Nürnberger Platz im Rahmen der ÖPNV-Bevorrechtigung des NSV-Projektes". report student research project. Dresden: Technische Universität Dresden, 2012.

[SUM12] *SUMO – Simulation of Urban Mobility*. Institute of Transportation Systems, German Aerospace Center. 2012. URL: http://sumo.sf.net. Accessed Aug. 29, 2012.

[VAM12] *VAMOS - Verkehrs-Analyse-, Management- und Optimierungs-System*. Technische Universität Dresden, Chair of Traffic Control and Process Automatisation. 2012. URL: http://www.vamosportal.de. Accessed March 27, 2012.


*Corresponding author: Mario Krumnow, Technische Universität Dresden, Faculty of Transport and Traffic Sciences "Friedrich List", phone: +49 351 463-36780, e-mail: mario.krumnow@tu-dresden.de*

# Ermittlung von Vollsperrungen auf Basis von FCD

**Matthias Körner**
Technische Universität Dresden

Dieser Beitrag wurde veröffentlicht zur Konferenz Positionierung und Navigation für Intelligente Transportsysteme – POSNAV ITS 2013, Berlin, 28.–29. November 2013.

## Zusammenfassung

Die Kenntnis von Straßensperrungen ist wesentliche Randbedingung bei der privaten Disposition von Fahrten als auch der Entscheidungsfindung von Baulastträgern zu Verkehrslenkungsmaßnahmen. Zur Nutzbarmachung von Sperrinformationen bietet sich zuerst die Etablierung geeigneter Schnittstellen zum administrativen Prozess an. Dass dieser Weg noch nicht breitenwirksam Umsetzung gefunden hat, liegt oft im Aufwand bei der Anpassung komplexer Verwaltungsabläufe und -systeme begründet.

Um trotzdem mit einer großen räumlichen Abdeckung und hoher Aktualität Sperrinformationen zu erschließen, wurde ein Ansatz entwickelt, der auf der Seite der verkehrlichen Wirkungen von Sperranordnungen ansetzt. Grundlage bilden die Daten von GNSS-basierten Floating Car Systemen. Zur Sperrungsermittlung wird die Befahrungshäufigkeit für Straßenabschnitte ausgewertet. Werden auf einem Abschnitt keine Fahrzeuge mehr erfasst, so wird von einer Sperrung ausgegangen. Damit die gewonnene Sperraussage mit hoher Wahrscheinlichkeit mit der Realität übereinstimmt, sind geeignete Parametrierungen der Auswertung zu finden, die die unterschiedliche Verkehrsnachfrage der Straßenabschnitte berücksichtigt.

Umgesetzt und getestet wurde der Ansatz im Kontext des Dresdner operativen Straßenverkehrsmanagementsystems VAMOS mit seiner Taxi-Floating Car-Komponente. Es konnte aufgezeigt werden, dass in dem für Verkehrsmanagementmaßnahmen relevanten Vorrangnetz mit einer Gesamtlänge von 540 Kilometern für 8 Prozent der Straßenabschnitte die Wirkung von Sperrungen in weniger als 6 Stunden, bei 59 % unter 24 Stunden und bei 79 % in weniger als 72 Stunden registriert werden können.

Operative Reaktionen z. B. Warnhinweise auf Informationstafeln oder die Anpassung der kollektiven Zielführung an das spezifische Verkehrslagebild, erscheinen hier möglich. Natürlich können diese Informationen auch der Anreicherung etablierter Informationsflüsse, wie die Versorgung der Landesmeldestellen für den Verkehrswarndienst oder Routing-Dienste privater Service Provider, dienen.

## 1 Motivation

Sperrungen von Straßenabschnitten sind zwar typischer Weise ein selten auftretendes Ereignis, da durch sie aber die Routenwahl der Verkehrsteilnehmer gravierend beeinflusst wird, ist die Kenntnis über sie essentiell. Bezüglich der Verfügbarkeit von Informationen zu Vollsperrungen wäre es wünschenswert, eine flächendeckende und hochaktuelle Zustandsübersicht nutzen zu können. Eine solche liegt heutzutage jedoch vielerorts noch nicht vor.

Zur Nutzbarmachung von Sperrinformationen bietet sich in erster Linie die Etablierung geeigneter Schnittstellen zum administrativen Prozess an. D. h. die Informationsbereitstellung sollte dort erfolgen, wo die Anordnungen verkehrsregelnder Maßnahmen erlassen bzw. umgesetzt werden. Dass dieser Weg noch nicht breitenwirksam Umsetzung gefunden hat, liegt oft im Aufwand bei der erforderlichen Anpassung der Verwaltungsabläufe und der unterstützenden Software begründet.

Um trotzdem mit einer großen räumlichen Abdeckung und hoher Aktualität Sperrinformationen für kollektive und individualisierte Verkehrsinformationen zu erschließen, wurde ein Ansatz entwickelt, welcher auf der Seite der verkehrlichen Wirkungen von Sperranordnungen ansetzt. Ausgewertet werden Floating Car Data (FCD), also Stichproben aus dem Verkehrsfluss. Es wird die Befahrungshäufigkeit für Straßenabschnitte ermittelt und interpretiert. Werden auf einem Abschnitt keine Fahrzeuge mehr erfasst, so wird von einer Sperrung ausgegangen. Erneute Befahrungen des betroffenen Straßenabschnitts sind Indiz für die Aufhebung der Sperrung.

Zur Einleitung in die Thematik wird zuerst der Ist-Stand bezüglich der Erfassung und Nutzung von Sperrinformationen aufgezeigt. Dem schließen sich Betrachtungen zu den Möglichkeiten der FCD-Auswertung an, um das verfügbare Potential aufzuzeigen. Ablauf und Randbedingungen eines FCD-basierten Verfahrens zur Ermittlung von Straßensperrungen werden darauf folgend beschrieben. Gleiches gilt für die getätigten Tests und deren Ergebnisse. Abgeschlossen werden die Aufführungen mit der Diskussion möglichen erweiterten Vorgehens.

## 2 Sperrinformationen im administrativen Prozess

Gründe für Straßensperrungen sind vielfältig. Baumaßnahmen, zeitweilige Nutzungen durch andere Verkehrsteilnehmergruppen etc. können dazu führen, dass Straßenabschnitte nicht durch den motorisierten Verkehr genutzt werden können.

Anträge zur Anordnung verkehrsregelnder Maßnahmen sind dazu an den zuständigen Baulastträger zu richten [Stv13; LHD13a]. Dieser hat dafür Sorge zu tragen, dass keine entgegenstehenden Fakten, z. B. der mögliche Verlust der Erreichbarkeit von Gebieten bei komplexen Sperrkonstellationen, vorliegen bzw. dass keine entgegenstehenden Ereignisse während der Sperrphase eintreten. Für die Verwaltung der Sperrungen befinden sich vielerorts Softwaresysteme im Einsatz. Gute Bedienbarkeit wird durch Kopplung mit Geoinformationssystemen erreicht, konzertiertes Handeln durch integrierte Systeme, welche

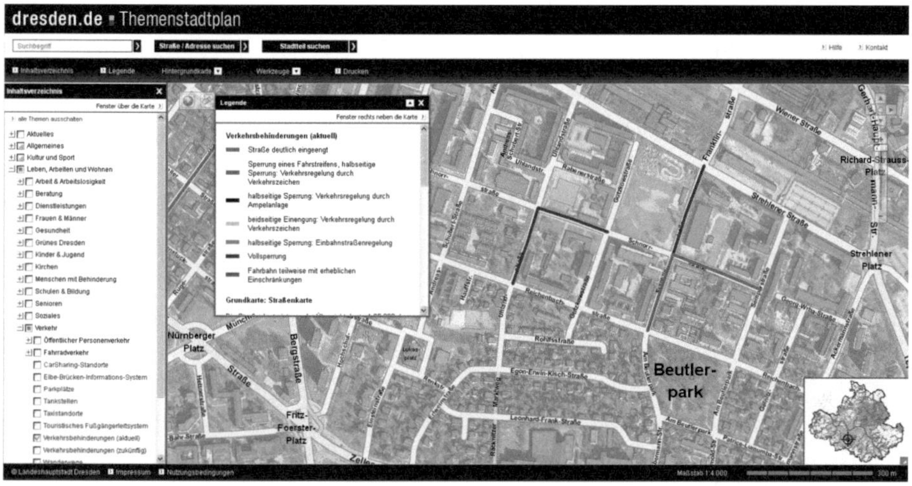


**Abbildung 1:** Beispiel für Veröffentlichungen von Sperrinformationen im Internet [LHD13f].

Zusatzinformationen anderer Verwaltungseinheiten begleitend vermitteln. [Nov12; Hal13; LHD13d] Die dabei aufgebauten Datenbasen werden teilweise für die externe Nutzung bereitgestellt. Solch eine Möglichkeit der Veröffentlichung ist aber bei weitem noch nicht der Regelfall. Eine Standardisierung von Verfahrensabläufen als auch der Datenformate existiert nicht.

Die beantragten Sperrzeiträume übersteigen die realisierten Sperrzeiten in der Regel. So kann z. B. bei Baumaßnahmen auf ungünstige Witterungsbedingungen oder ungünstige Konstellationen im Bauablauf durch Nutzung des zeitlichen Puffers reagiert werden.

In Konsequenz von Straßensperrungen müssen alternative Routen genutzt werden. Erfolgt dies unvorbereitet und unkoordiniert, kann in der Regel nur eine direkte Umfahrung ohne Kenntnis über die weitere räumliche Ausdehnung der Sperrung genutzt werden. Dem Anspruch, Belastungen für betroffene Verkehrsteilnehmer, aber auch das Umfeld, zu minimieren, wird dies in keiner Weise gerecht. Deshalb können durch den Baulastträger begleitende Maßnahmen initiiert werden, durch welche ein Interessenausgleich stattfindet. Zu nennen ist hier zuerst die statische Ausweisung von Umleitungen sowie die Bekanntgabe der Sperrungen über elektronische (siehe Abbildung 1) und Printmedien in Listenform oder durch eine Kartendarstellung [Bas13; LHD13c; LHD13f].

Durch begleitende operative Maßnahmen können zusätzliche Entlastungen für das Nahfeld von gesperrten Straßeabschnitten herbeigeführt werden. Den Verkehrsteilnehmern können Informationen zu Sperrungen sowohl auf kollektivem als auch auf individualisiertem Weg vermittelt werden, mit dem Ziel, das Sperrumfeld zu meiden und ihre Routen weiträumig anzupassen.

Für alle zugänglich sind z. B. Sperrinformationen auf Informationstafeln im Straßenraum [Vam13]. Die Zuständigkeit liegt hier in der Regel beim Baulastträger selbst. Für Sperrungen auf den in der sogenannten Location Code List enthaltenen Straßen – überwiegend Bundes-autobahnen und Bundesstraßen –, bietet sich als weiterer Informationsweg die Verknüpfung zum Verkehrswarndienst an. Die Sperrinformationen werden hier elektronisch über den Traffic Message Channel (TMC) verbreitet und dienen als Eingangsgröße für Navigationssysteme, können aber auch als Grundlage für den gesprochener Verkehrsfunk herangezogen werden. [Bun00]

Als individualisierte Informationsausgabe sind Routenberechnungen zu verstehen, welche in Abhängigkeit des Verkehrslagebilds – inklusive Sperrinformationen und den seitens des Verkehrsteilnehmers vorgegebenen Randbedingungen, wie Start und Ziel – realisiert werden. Hier steht zwar das Interesse des einzelnen Verkehrsteilnehmers im Vordergrund, nichtsdestotrotz ergeben sich durch Umfahrungen der Sperrung Entlastungen in deren Nahbereichen. Dies kommt wiederum der Allgemeinheit zugute. Deshalb werden solche Services teilweise auch von den Baulastträgern selbst angeboten. Überwiegend handelt es sich in diesem Bereich aber um privatwirtschaftliche Angebote. [VMZ12; Tom13]

Für Verkehrsteilnehmer mit ausgeprägtem lokalem Bewegungsmuster können die angebotenen Sperrlisten im Internet als stabile Informationsbasis angesehen werden. Für Verkehrsteilnehmer mit Ortsveränderungen in den Bereichen mehrerer Baulastträger gestaltet sich die Informationsbeschaffung nach gleichem Schema zu komplex. Genutzt werden hier deshalb typischer Weise national oder sogar international ausgerichtete Routinganwendungen privater Anbieter, welche darauf angewiesen sind, die Sperrinformationen aus der Vielzahl an heterogenen Einzelquellen zu bündeln.

Durch den massenhaften Einsatz von Smartphones mit Positionserfassung und Routingapplikation ist die Tendenz zu verzeichnen, dass auch die Verkehrsteilnehmer mit geringem Aktionsradius Anwendungen der Marktführer als Quasistandard auffassen und diese als bevorzugten Einstiegspunkt für ihre Informationsbeschaffung nutzen. Der Wunsch nach flächendeckend verfügbaren, vollständigen, zutreffenden und aktuellen Sperrinformationen wächst dementsprechend.

Als Aufgabe steht deshalb, die Prozesse bei der Administration von Straßensperrungen zu harmonisieren und standardisierte Schnittstellen zu etablieren. Dieses Aufgabenspektrum ist nicht kurzfristig zu realisieren. Deshalb ist es aktuell zielführend, alle verfügbaren Möglichkeiten zur flächendeckenden Identifikation von Sperrungen – wie z. B. durch Auswertung von FCD – zu nutzen.

Optimierungspotential wird auch bezüglich der exakteren Kenntnis des Sperr- bzw. Freigabezeitpunkts gesehen [Koh12]. Ansatzpunkte sind hier die Beachtung des oben angesprochenen zeitlichen Puffers und die zeitliche Auflösung der Sperrinformationen an sich. Ziel sollte es sein, dass so wenige Verkehrsteilnehmer wie möglich von Auswirkungen einer Sperrung betroffen sind. D. h. sowohl verfrühte Reaktionen auf angekündigte aber noch nicht wirksame Sperrungen, als auch das Verbleiben auf einer Alternativroute über die Verkehrsfreigabe hinaus sind zu vermeiden. Auch hier erscheinen Beiträge auf Grundlage von FCD-Auswertungen möglich, um die erforderliche hoch aufgelöste Datengrundlage zu schaffen.

# 3 Etablierte Nutzungsmöglichkeiten für Floating Car Data

Eine Erfassungseinheit für Floating Car Data besteht aus einem Detektor und einem Detektionsträger. Bei dem Detektor handelt es sich um einen GNSS-Empfänger. Durch diesen wird zyklisch dessen Position ermittelt und in Form von Geokoordinaten aufgezeichnet. Ein Zeitstempel und ggf. ein Identifikator für den Detektionsträger werden beigefügt. Der Detektor kann in einem Fahrzeug fest verbaut oder auch portabel sein. Bei fester Verbauung können die erfassten Daten direkt dem Verkehrsmittel zugeordnet werden. Bei einer portablen Lösung, z. B. bei der Nutzung eines Smartphones, muss durch Zusatzeingaben bzw. gesonderte Auswertungen ermittelt werden, welches Verkehrsmittel momentan genutzt wird [Ran12; Ada12]. Die aufgezeichneten Datensätze werden z. B. mittels GSM, GPRS oder Bündelfunk, zu einer Zentrale weitergeleitet, wo dann die Datenauswertung erfolgen kann.

Kernintention bei der Erfassung von FCD ist es, Stichproben von Ortsveränderungsprozessen aufzunehmen und letztendlich auf Kennwerte des Gesamtverkehrsstroms zu schließen. Günstiger Weise werden als Träger Fahrzeuge mit hoher Fahrleistung, wie von Lieferflotten oder Taxiunternehmen, gewählt, um eine möglichst große Netzabdeckung und hohe Befahrungshäufigkeit der Netzelemente zu erreichen.

FCD besitzen eine breite Anwendungspalette im online- und offline-Bereich. Unterstützt werden Verkehrsplanung, Verkehrsstatistik als auch der operative Betrieb. Zu unterscheiden sind bei den sich ergebenden Auswertungsmöglichkeiten die folgenden Rohdatenkonstellationen:

- Punkt (einzelner Positionsdatensatz),
- Vektor (zwei vom gleichen Fahrzeug in direkter zeitlicher Abfolge detektierte Positionen),
- Trajektorie (mehrere vom gleichen Fahrzeug in direkter zeitlicher Abfolge detektierte Positionen) und
- Trajektorienbündel (Überlagerung mehrerer Einzeltrajektorien auf gleichem Netzelement). [Kör11]

Schon durch die Auswertung von Einzelpositionen sind ausgesprochen nutzbringende Informationen extrahierbar. Unter der Annahme, dass sich die Fahrzeuge immer auf einer geeigneten Verkehrsfläche bewegt haben, können z. B. die erfassten Positionsdaten einem rasterförmigen Flächenabbild zugeordnet werden. Mittels einer Häufigkeitsverteilung kann auf Rasterfelder mit Verkehrsfunktion geschlossen werden. Durch weitere Aufbereitungsschritte können Knoten-Kanten-Modelle abgeleitet werden, welche Grundlage für Verkehrsflusssimulationen und Routinganwendungen sind. [Lor03; Öst05]

Da zu den Positionsdatensätzen in der Regel auch ein Zeitstempel und eine Fahrzeugidentifikation verfügbar sind, ist eine fahrzeugspezifische Ordnung der Positionsdatensätze nach Fahrtverlauf möglich. Anhand der sich so ergebenden Vektoren ist ebenso eine Generierung von Knoten-Kanten-Modellen möglich. Kern des Verfahrens bildet ein Ansatz zur Bündelung benachbarter Vektoren. Die Nachbarschaftsbeziehungen der Teilvektoren werden auf Basis von Fangräumen, welche um sie herum aufgespannt werden, ermittelt. [Kör09b]

Die Ermittlung der Ortsveränderung und des Erfassungsintervalls eröffnet zusätzlich die Möglichkeit, auf die mittlere Geschwindigkeit zu schließen. Wichtigster Anwendungsbereich ist hier die Verkehrslageermittlung in Form einer Behinderungsidentifikation. Die berechnete mittlere Geschwindigkeit kann mit einem Erwartungswert verglichen werden. Bei niedrigen Geschwindigkeiten kann auf Stau geschlossen und gezielte Beeinflussungen des Verkehrsgeschehens durch Verkehrssteuerungs- und Verkehrsinformationsmaßnahmen initiiert werden. [Ada12; Fas13; Bro07]

Werden die Positionsdatensätze dahingehend gefiltert, wann bzw. wo Fahrzeuge zum Stillstand gekommen sind, lassen sich z. B. Aussagen darüber treffen, wo Haltepunkte vor Lichtsignalanlagen (LSA) liegen [Kör11]. Dies ist z. B. für Fahrerassistenzsysteme bei der Ermittlung optimierter Fahrregime zur Annäherung an Knotenpunkte relevant. Bei einer sehr schnellen Datenübertragung können diese Informationen in einen Rückstaulängenschätzer integriert und zur Optimierung des Betriebs von LSA genutzt werden.

Die Ermittlung längerer Stillstandszeiten bildet den Übergang zu Auswertungen bezüglich des ruhenden Verkehrs [Ven12].

Ein breites Anwendungsspektrum eröffnet sich durch die Auswertung von Einzeltrajektorien. Durch die Identifikation des Geschwindigkeitsverlaufs einer Fahrt kann u. a. ermittelt werden, wann und wo ein Fahrzeug in einen Stau eingefahren ist und dieser wieder verlassen werden konnte. Entwickelt wurde in diesem Kontext ein Ansatz zur Interpretation der Fahrprofile, bei welchem für aufeinanderfolgende Fahrzeugpositionen mit niedriger Geschwindigkeit die Hypothese einer Verkehrsbehinderung aufgestellt und anhand der Kriterien Halteanzahl, Stauzeit und Staulänge verifiziert wird. [Kör09a]

Darüber hinaus ist es möglich, Staueereignisse nach ihrer Schwere zu differenzieren, sodass mittels Verkehrsinformation und -steuerung bei Stop-and-Go-Effekten anders als bei langen Stillstandszeiten reagiert werden kann.

Der Übergang zur Betrachtung von Trajektorienbündeln, also der Netzelement-bezogenen Überlagerung von Einzeltrajektorien, ist fließend. Entscheidend dafür, ob Einzeltrajektorien oder Trajektorienbündel zur Auswertung herangezogen werden, ist, ob die Repräsentanz einer einzelnen Stichprobe als hinreichend angesehen wird.

Eine Auswertung von Trajektorienbündeln erfolgt z. B. bei der Ermittlung Netzelement-bezogener typischer Geschwindigkeitsprofile. Diese besitzen u. a. Bedeutung als Grundlage für die Schätzung von Luftschadstoffemissionen, da essentielle Kenngrößen, wie Standanteil und relative positive Beschleunigung, ableitbar sind [Mat11]. Auch in Hinblick auf die breiten-wirksame Etablierung von Elektromobilität besitzen sie Relevanz. Das gebräuchlichste Kriterium bei der Routenwahl ist heute die Reisezeit. Bei einem deutlich begrenzten Aktionsradius der Fahrzeuge wird aber dem Aspekt einer energieeffizienten Abwicklung der Ortsveränderung deutlich mehr Bedeutung zukommen. Um nun Routen mit möglichst geringem Energieeinsatz identifizieren zu können, ist es möglich, anhand der Geschwindigkeitsprofile die überwiegende Fahrdynamik und somit letztendlich den Energiebedarf für die Befahrung eines Netzelements abzuschätzen. [Kri10]

Ansätze zur Generierung von Straßennetzabbildern unter Nutzung von Trajektorienbündeln sind ebenfalls bekannt [Ham01; Ito06].

Zur Unterstützung von Verkehrsplanung und Verkehrsflusssimulation sind Abbiegeraten eine relevante Kenngröße. Auch hier gibt es die Möglichkeit zur Ermittlung anhand von FCD-basierten Trajektorienbündeln [Kör12]. Gleiches gilt für die Schätzung von Quelle-Ziel-Matrizen [Asm08].

Das Spektrum der Auswertungsmöglichkeiten kann noch erweitert werden, wenn zusätzliche Detektionstechnik genutzt wird. Dabei kann es sich z. B. um den Abgriff externer Sensoren handeln. Praktikabel sind auch der Datenabgriff der Fahrzeug-internen OBD-Schnittstelle oder des CAN-Bus. Diese Ansätze werden als Extended-FCD bezeichnet.

Publizierte Anwendungsfelder von FCD mit Bezug zu Sperrinformationen sind die Ermittlung von befahrbaren Straßen in Katastrophenfällen – sozusagen die negierte Aussage – [Had08], als auch die Identifikation und Bekanntgabe der Positionen von Wanderbaustellen auf Autobahnen [Els12]. Der Ansatz zur kontinuierlichen und zeitnahen Informationsbereitstellung über Wanderbaustellen steht im Kontext der verbesserten Informationsbereitstellung seitens der Administration an die Verkehrsteilnehmer und stellt einen Baustein auf dem Weg zu einer Ursachen-getriebenen flächendeckenden Sperrinformation dar. Bei der Ausarbeitung über noch verfügbare Infrastrukturen in Katastrophenfällen wird auf die Nutzung der Sperrinformationen, d. h. eine optimierte Routenwahl für Not- und Rettungsdienste unter kritischen Randbedingungen, fokussiert. Auf die Algorithmik zur Generierung der Sperrinformationen wird aber nicht eingegangen. Diese Lücke auf dem Weg hin zur FCD-basierten Wirkungs-getriebenen Bereitstellung von Sperrinformationen für den operativen Betrieb von Verkehrsinformations- und Verkehrssteuerungssystemen soll mit den folgenden Ausführungen geschlossen werden.

# 4 Verfahren zur FCD-basierten Ermittlung von Vollsperrungen

Ansatz zur Identifikation von Vollsperrungen richtungsbezogener Straßenabschnitte unter Nutzung von FCD soll die Interpretation der Befahrungshäufigkeit sein.

Als Datengrundlage werden FCD – also mit Erfassungszeitstempel und Fahrzeugidentifikator angereicherte Positionsdatensätze – sowie Geokoordinaten bezüglich des Straßennetzabbilds herangezogen. Werden über einen bestimmten Zeitraum auf einem Straßenabschnitt keine Fahrzeuge erfasst, so wird von einer Sperrung ausgegangen (siehe Abbildung 2). Eine erneute Befahrung des betroffenen Straßenabschnitts wird als Indiz für die Aufhebung der Sperrung angesehen.

Da sowohl die Positions- als auch die Richtungsinformationen – gewonnen aus je zwei zeitlich direkt aufeinander abfolgenden Positionen desselben Fahrzeugs – relevant sind, gliedert sich das Verfahren in die Kategorie der Vektor-basierten FCD-Auswertungen ein.

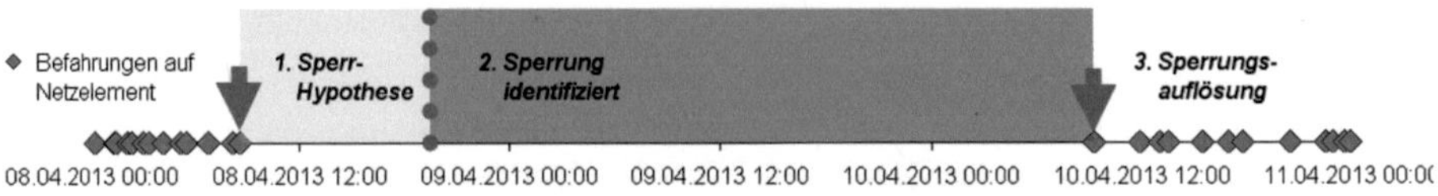


**Abbildung 2:** Identifikation von Zeiträumen ohne Befahrungen eines Straßenabschnitts.

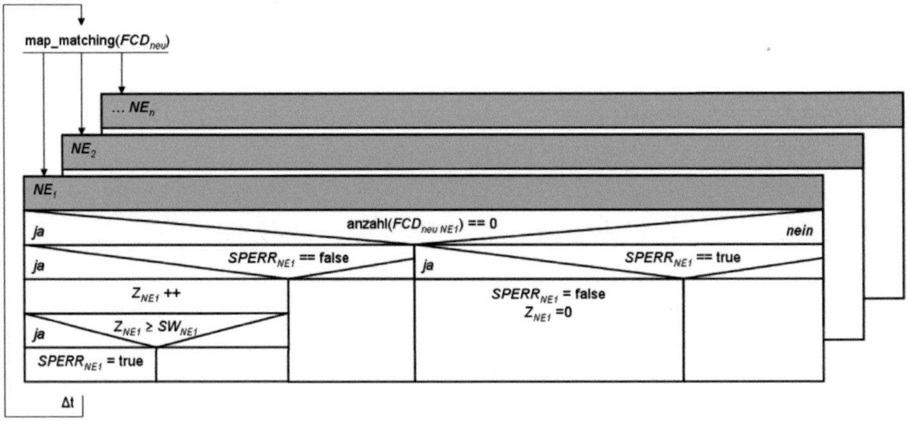


**Abbildung 3:** Grundlegender Ablauf der FCD-basierten Sperridentifikation.

Für die Sperrungsidentifikation sind drei Attribute relevant. Es handelt sich dabei um:

- ein Flag $SPERR$, welches beschreibt, ob eine Sperrung vermutlich vorliegt oder nicht,
- ein Zähler $Z$ durch welchen vermerkt ist, wie viel Zeit seit der letzten Befahrung eines Straßenabschnitts vergangen ist und
- ein Eintrag für den zeitlichen Schwellenwert $SW$, ab dessen Überschreitung durch $Z$ eine Sperrung als gegeben angesehen wird.

Für jedes einzelne Netzelement $NE$ sind diese vorzuhalten. Zähler $Z_{NE}$ und Schwellenwerte $SW_{NE}$ sind auswertungsinterne Parameter. Für aufsetzende Anwendungen ist ausschließlich der Zustand der Sperrflags $SRERR_{NE}$ von Bedeutung.

Um die abzuleitenden Sperrinformationen für den operativen Betrieb nutzen zu können, ist eine kontinuierliche und zeitnahe Datenauswertung erforderlich (siehe Abbildung 3). Neue FCD stehen nach ihrer Erfassung in Abhängigkeit von Erfassungszeitpunkt und Übertragungsdauer zur Verfügung. Für sie sind sowohl eine Dateneingangs-getriggerte als auch eine Auswertung mit festgelegtem Abarbeitungszyklus möglich. Im Folgenden wird von einer zyklischen Auswertung ausgegangen. Das Dateneingangs-getriggerte Vorgehen unterscheidet sich nicht wesentlich.

In einem ersten Aufbereitungsschritt ist für alle seit dem letzten Abfragezeitpunkt neu verfügbaren Floating Car-Daten $FCD_{neu}$ die Zuordnung zum Netzabbild vorzunehmen. Es

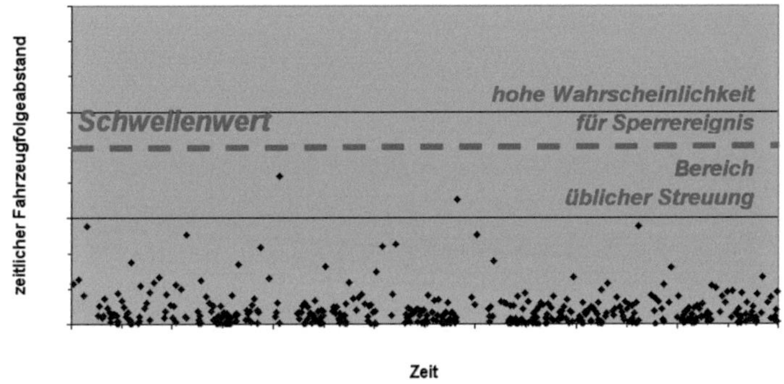


**Abbildung 4:** Prinzip der Schwellenwertermittlung.

wird bestimmt, auf welchen Netzelementen die Befahrungen wahrscheinlich stattgefunden haben.

Folgend ist für alle Netzelemente $NE$ zu bestimmen, ob seit dem letzten Abarbeitungszeitpunkt mindestens eine neue Befahrung verzeichnet werden konnte.

Liegt keine neue Befahrung vor, ist dies durch Erhöhung des Zählers $Z_{NE}$ zu vermerken. Erreicht der Wert des Zählers $Z_{NE}$ den Schwellenwert $SW_{NE}$, so wird das Sperrungs-Flag $SPERR_{NE}$ gesetzt. Sollte dies schon gesetzt gewesen sein, so ist keine weitere Erhöhung des Zählers $Z_{NE}$ erforderlich.

Liegt eine Befahrung des Netzelementes vor und das Sperrungs-Flag $SPERR_{NE}$ ist gesetzt, so wird von einer Auflösung der Sperrung ausgegangen und dies durch Rücksetzen des Flags $SPERR_{NE}$ als auch des Zählers $Z_{NE}$ vermerkt. Das Vorliegen einer Befahrung bei nicht gesetztem Sperrungs-Flag $SPERR_{NE}$ führt zu keinen Aktivitäten.

Für die Etablierung eines Verfahrens nach diesem Ansatz ist die Kernfrage zu beantworten, wie lange kein Fahrzeug auf einem Straßenabschnitt gefahren sein darf, damit eine Sperraussage mit hoher Wahrscheinlichkeit des Zutreffens getroffen werden kann. Dadurch wird die abschnittsspezifische – durch unterschiedliche Verkehrsnachfrage bedingte – Befahrungshäufigkeit berücksichtigt. Eine offline-Auswertung einer aussagekräftigen Stichprobe ist dazu durchzuführen.

Für jeden richtungsbezogenen Straßenabschnitt sind die Befahrungszeitpunkte im Betrachtungszeitraum und darauf aufsetzend die Fahrzeugfolgeabstände zu ermitteln. Der festzulegende Schwellenwert $SW_{NE}$ ist jeweils so hoch zu wählen (siehe Abbildung 4), dass nur solche Lücken in der Ankunftsverteilung von Floating Car-Fahrzeugen auf dem Straßenabschnitt als Sperrwirkung identifiziert werden, die nicht durch eine übliche Streuung bedingt sind.

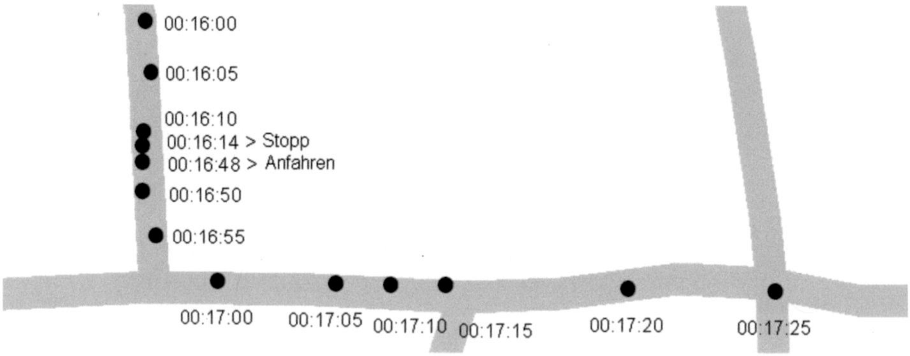


**Abbildung 5:** Beispiel für FCD aus der Testumgebung [Kör11].

**Tabelle 1:** Beispiel für Befahrungsinformationen.

| ID | RI | VON |
|---|---|---|
| 13077010 | 1 | 2013-01-02 01:01:05 |
| 17067 | 2 | 2013-01-02 01:01:34 |
| 10004070 | 2 | 2013-01-02 01:01:35 |
| 10041020 | 2 | 2013-01-02 01:01:47 |

## 5 Umsetzung und Test des Verfahrens

Umgesetzt und getestet wurde das skizzierte Verfahren im Kontext des Dresdner operativen Straßenverkehrsmanagementsystems VAMOS mit seiner Taxi-FCD-Komponente.

VAMOS nimmt die Aufgaben des operativen Straßenverkehrsmanagements in Dresden wahr. Grundlage für seine konzertierten Beeinflussungsmaßnahmen durch Verkehrssteuerung und Verkehrsinformation ist ein hochaktuelles und umfassendes Verkehrslagebild. Zur Ermittlung der Qualität des Verkehrsflusses steht dabei ein breites Spektrum verschiedenartiger Verkehrsdetektionstechnik zur Verfügung. Neben den Daten von punktuellen Verkehrsdetektoren fließen in den VAMOS-Datenpool auch streckenbezogene Daten eines Taxi-FCD-Systems ein. Die ca. 500 Fahrzeuge der Dresdner Taxigenossenschaft zeichnen sich durch hohe Fahrleistungen und häufige Fahrzeugnutzung aus, woraus eine sehr gute Netzabdeckung resultiert. Die Fahrzeugpositionen (siehe Abbildung 5) werden alle 5 Sekunden aufgezeichnet. Ergänzt werden Positionsdaten für Stopps und Wiederanfahren. [Kör08]

Die Tests des Verfahrens zur Sperrungsidentifikation wurden mit FCD aus dem I. Quartal 2013 realisiert.

Günstige Voraussetzung ist, dass auf Map Matching-Ergebnisse einer anderen VAMOS-Auswertung zurückgegriffen werden kann. Es liegen Datensätze zu vollständigen Netzelement-Befahrungen vor, bei welchen die Netzelement-ID, eine Richtungsangabe RI und der Einfahrzeitpunkt in den Straßenabschnitt VON (siehe Tabelle 1) vermerkt sind.

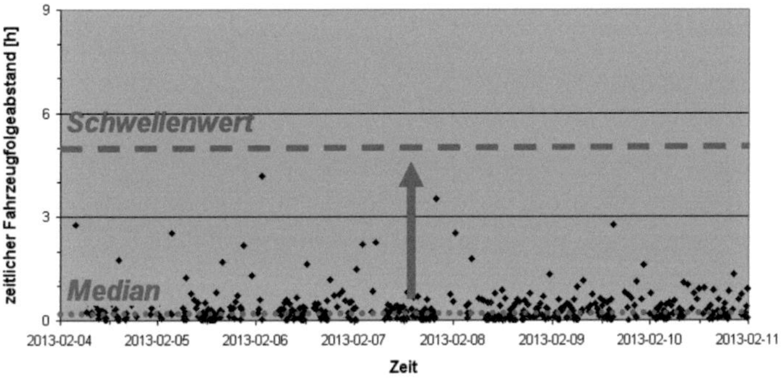


**Abbildung 6:** Prinzip der Schwellenwertermittlung für ein ausgewähltes Netzelement.

In einem Vorab-Test wurde ermittelt, dass es in Abhängigkeit der Verkehrsnachfrage Straßenabschnitte mit häufiger und solche mit geringer bzw. gar keiner Befahrung durch Fahrzeuge der Floating Car-Flotte im betrachteten Zeitraum gibt. Mindestens eine Befahrung pro Tag im Mittel liegt bei über einem Drittel der Straßenabschnitte vor. Dies zeigt, dass grundsätzlich Potentiale für eine Sperrungsidentifikation im operativen Kontext bestehen können.

Für belastbare Aussagen wurden folgend die Schwellenwerte für alle Netzelemente bestimmt. Als Ausgangspunkt für die Schwellenwertfestlegung (siehe Abbildung 6) bietet sich der Median an. Dies ist der Tatsache geschuldet, dass er in Hinblick auf große Fahrzeugfolgeabstände im Einzelnen und auch auf ihre Anzahl vergleichsweise robust ist. D. h., es ist bei der Schwellenwertfestlegung von untergeordneter Relevanz, ob bzw. wie viele Sperrereignisse im Referenzzeitraum auf den Straßenabschnitten aufgetreten sind. [Jun13]

Um ein in der Praxis leicht zu implementierendes Verfahren zu erreichen stand begleitend die Forderung, dass der Schwellenwert einfach und aufwandsarm zu ermitteln ist. Angestrebt wurde die Ermittlung eines auf den Medianwerten der Fahrzeugfolgeabstände der Netzelemente pauschal ansetzbaren Faktors.

Es stand leider kein Referenzdatenmaterial bezüglich gesperrter Straßenabschnitte zur Verfügung. Deshalb wurde ein niedriger Startfaktor festgelegt und folgend die Sperrungen im Referenzzeitraum ermittelt. Der Faktor wurde dann als zu niedrig angesetzt interpretiert, wenn mindestens ein Sperrereignis im Hauptstraßennetz nicht durch Recherchen u. a. von Pressemitteilungen bestätigt werden konnte. Diesem Vorgehen liegt die Annahme zugrunde, dass Nutzer auf Falschmeldungen sensibler reagieren, als auf eine „Nicht-Information", die dem Status Quo entspricht. Der Faktor wurde sukzessive erhöht, bis das Kriterium erfüllt war. Es zeigte sich, dass jeweils mit dem 25-fachen des Medianwerts eine gute Abgrenzung zwischen Streuungseffekten und den Auswirkungen von Sperrereignissen für alle Straßenabschnitte gleichermaßen zu erzielen ist.

Für den Testzeitraum konnten knapp 100 straßenabschnittsbezogene signifikante Zeiträume ohne FC-Befahrungen identifiziert werden (siehe Abbildung 7). [LHD13b; LHD13e; DVB13]

**Abbildung 7:** Straßensperrungen bei einer Straßenbahngleissanierung in Dresden.

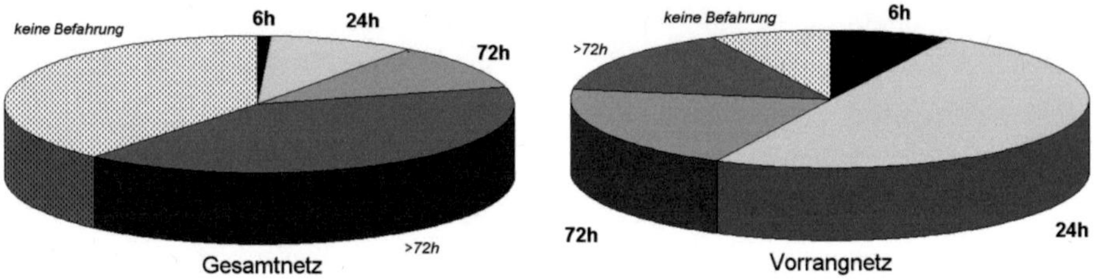


**Abbildung 8:** Anteile von Schwellenwertklassen differenziert nach Gesamt- und Vorrangnetz.

Bei etwa einem Viertel der Netzelemente des Gesamtstraßennetzes mit ca. 3000 Kilometern Länge sind so Sperrungen in weniger als 72 Stunden registrierbar. Noch bessere Ergebnisse können in dem für Verkehrsmanagementmaßnahmen relevanten Vorrangnetz mit einer Gesamtlänge von 540 Kilometern erzielt werden. Es wurden Schwellenwerte ermittelt, durch welche für 8 Prozent der Straßenabschnitte die Wirkung von Sperrungen in weniger als 6 Stunden, bei 59 % unter 24 Stunden und bei 79 % in weniger als 72 Stunden identifiziert werden können (siehe Abbildung 8).

Operative Reaktionen z. B. Warnhinweise auf Informationstafeln oder die Anpassung der kollektiven Zielführung an das spezifische Verkehrslagebild, erscheinen hier ohne weiteres möglich. Natürlich können diese Informationen auch der Anreicherung etablierter Informati-onsflüsse, wie die Versorgung der Landesmeldestelle für den Verkehrswarndienst oder Routing-Dienste privater Service Provider, dienen.

## 6 Optimierungs- und Erweiterungsmöglichkeiten

In Abbildung 9 sind Sperrungseffekte dargestellt, die sich durch die Komplexsanierung einer Hauptstraße ergeben haben. Zu erkennen ist, dass viele Zuläufe zu dieser aus dem Nebennetz als gesperrt markiert sind. Dies ist der Tatsache geschuldet, dass in der genutzten Datenbasis mit Map Matching-Ergebnissen nur Einträge vorliegen, wenn der Straßenabschnitt vollständig befahren worden ist. D. h. im Umkehrschluss, wenn ein Straßenabschnitt durch Sperrungen im Umfeld nur noch als Sackgasse befahren werden kann, ist keine vollständige Befahrung im Sinn der zugrunde liegenden Auswertung mehr möglich. Es erfolgen keine

**Abbildung 9:** Sperrungseffekte bei der Komplexsanierung eines Straßenzugs in Dresden.

Einträge mehr bezüglich einer Befahrung und der Straßenabschnitt wird letztendlich als gesperrt angenommen. Für Nicht-Anlieger und ihre Routenwahl stellt dies eine nutzbringende Information dar. Handelt es sich aber beim Anwender um einen Verkehrsteilnehmer, dessen Start oder Ziel seiner Route am betroffenen Straßenabschnitt liegt, ist die Sperraussage nicht schlüssig. Umgangen werden kann dieser Effekt, wenn für die Ermittlung der Befahrung eines Straßenabschnitts nicht nur eine durchgehende, sondern auch eine Teilbefahrung – also mindestens ein dem Netzelement zugeordneter FC-Positionsdatensatz vorliegt – als hinreichend angesehen wird.

Zu beachten ist bei der Anwendung des Verfahrens, dass eine stabile Datenbasis vorliegen muss. Ausgewertet werden signifikante Abweichungen von einer üblichen Befahrungshäufigkeit (siehe Abbildung 10, gestrichelte Kurven für 12.+13.01.2013). Wenn aber durch externe Effekte weniger Datensätze als üblich vorliegen, so könnte dies zu unerwünschten Sperrungsinterpretationen führen. Das ist auszuschließen. D. h. parallel zum eigentlichen Auswertungsverfahren ist eine Überwachung zu implementieren, welche die grundlegende Datenverfügbarkeit kontinuierlich überprüft.

Das Vorgehen bei einem vollständigen Ausfall der Datenversorgung (siehe Abbildung 10, Verfügbarkeitskurve schwarz durchgezogen 14.01.2013 ab 9:00 Uhr) ist kompakt. Die Auswertung ist zu unterbrechen. Die Zwischenergebnisse – also straßenabschnittsbezogene Sperrungs-Flags und der Zähler der Intervalle ohne Befahrung – sind beizubehalten.

Komplex dagegen gestaltet sich die Überprüfung der FC-Datenversorgung bezüglich einer Teilverfügbarkeit der FC-Daten (siehe Abbildung 10, Verfügbarkeitskurve schwarz durchgezogen 14.01.2013 bis 9:00 Uhr). Hier könnten z. B. Erwartungswerte bzw. -ganglinien bezüglich der Datenverfügbarkeit ermittelt und zum Vergleich auf deutliche Abweichungen herangezogen werden.

Festlegungen müssen erfolgen, wie mit Sperraussagen umzugehen ist, wenn die Verfügbarkeit der FCD über einen längeren Zeitraum nicht gegeben ist. Rückfall ist die Rücknahme der Sperrungsaussagen. Dazu, wie nach Wiederherstellung einer hinreichenden Datenverfügbarkeit umgegangen werden sollte, liegen noch keine Erfahrungswerte vor. Für Straßenabschnitte mit hoher Befahrungshäufigkeit bietet sich ein Start mit Annahme der Befahrungsmöglichkeit an. Für Abschnitte mit geringer Befahrungshäufigkeit ist zu diskutieren, bis zu welcher

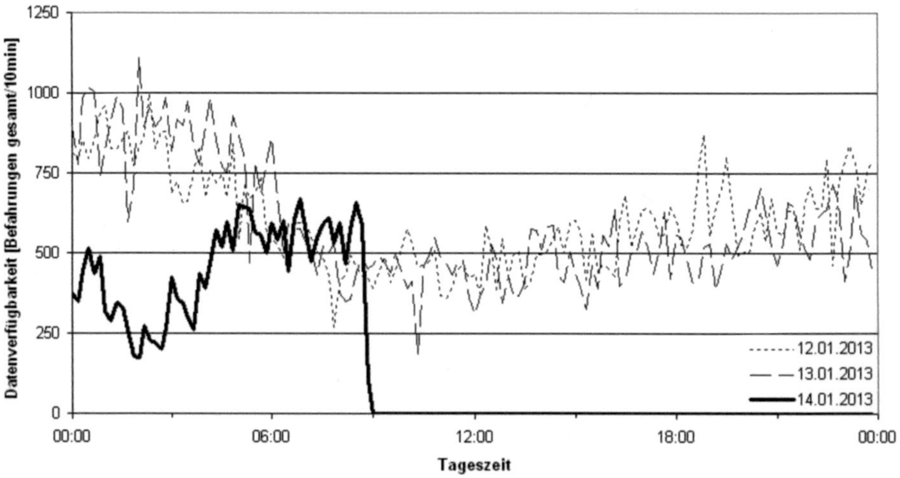


**Abbildung 10:** Beispiele für übliche und gestörte Gesamt-Datenverfügbarkeit.

Dauer einer eingeschränkten Datenverfügbarkeit vom Fortbestehen einer vorher erkannten Sperrung ausgegangen werden soll.

## 7 Übertragbarkeit

Der vorgestellte Ansatz zur Ermittlung von Sperrungen ist auch für FC-Systeme mit anderer Erfassungsspezifik in anderen Betrachtungsgebieten nutzbar. Variieren können u. a.:

- die Erfassungstaktung,
- die Fahrleistung der Flotte,
- die zeitlich-räumliche Verteilung der Fahrten,
- das Geschwindigkeitsniveau und
- die Längen der Straßennetzelemente.

All dies schlägt sich in den Befahrungshäufigkeiten der Straßenabschnitte nieder. Bei geringeren Häufigkeiten der Positionserfassung ist von längeren Ansprechdauern der Sperrungsidentifikation auszugehen. Bis zu welchen Grad das durch den Anwender als nutzbringend empfunden wird, liegt in seinem Ermessen. Höhere Befahrungshäufigkeiten eröffnen die Möglichkeit zu schnellerem Ansprechen. Kein zusätzlicher Nutzen wird mehr erreicht, wenn sich mehrere Fahrzeuge im selben Auswertungsintervall auf demselben richtungsbezogenen Straßenabschnitt befinden.

Grundsätzlich ist der Auswertungsansatz auch auf Verkehrsmengendaten aus stationärer Detektion anwendbar. Vorteil wäre hierbei, dass eine Erfassung des Gesamtverkehrsstroms stattfindet. Dementsprechend hoch ist die Befahrungshäufigkeit. Der Schwellenwert zum Auslösen der Sperrinformation kann niedrig angesetzt werden und schnelle Reaktionen erscheinen dementsprechend möglich. Durch die gute Datenverfügbarkeit bietet sich hier sogar an, den Schwellenwert in Abhängigkeit der zu erwatenden Verkehrsmenge – z. B. in den Tag- bzw. Nachtstunden – zu differenzieren. Dem potentiellen Anwender eines solchen Vorgehens muss natürlich klar sein, dass die Anzahl der Detektoren meist stark limitiert ist. Angemerkt sein aber, dass stationäre Detektion – z. B. für Stauermittlungen – typischer Weise dort vorliegt, wo auch Sperrinformationen von besonderem Interesse sind. In Dresden z. B. wären bei Auswertung der Daten von Doppel-Induktionsschleifen und Infrarotdetektoren über 10 % des Vorrangnetzes bezüglich Sperrereignissen so überwachbar. Ein Vorab-Test hat für einen Detektor auf einem Straßenabschnitt mit einem DTV von ca. 10.000 Fahrzeugen/24 h ergeben, dass Reaktionen auf Befahrungslücken tagsüber im Bereich von wenigen Minuten und nachts innerhalb von ca. 30 min möglich sind. D. h., detektionstechnisch nähert man sich deutlich Ansprechzeiten an, die nicht nur die Identifikation langfristig angelegter Sperrungen – wie z. B. bei Baumaßnahmen – sondern auch von Sperrereignissen kurzer Dauer – etwa bei Unfällen, Demonstrationen o. ä. – ermöglichen. Bei Daten stationärer Detektion liegen meist räumliche Auflösungen vor, die Fahrstreifen-feine Auswertungen zulassen.

Durch die immer weiter fortschreitende Verbreitung von Mobiltelefonen mit GNSS-Empfänger und der damit einher gehenden Verfügbarkeit von Stichproben zu den Aufenthaltsorten bzw. Ortsveränderungen der Verkehrsteilnehmer kann von einer stetigen Verbreiterung der heute schon in großem Umfang gegebenen Detektionsbasis ausgegangen werden. Dies stellt ein riesiges Potential für den vorgestellten Ansatz dar. Mit Verfügbarkeit einer Methodik zum sicheren Erkennen des aktuell genutzten Verkehrsmittels ist das vorgestellte Verfahren zur Identifikation von Sperrungen auf Fahrradrouten, Fußwegen als auch Linien des öffentlichen Verkehrs einsetzbar.

## 8 Zusammenfassung

Vorgestellt wurde ein Verfahren zur flächendeckenden Identifikation von Sperrungen durch Auswertung von FCD.

Tests haben gezeigt, dass durch dessen Anwendung praxistaugliche Ansprechzeiten bei der Identifikation von Straßensperrungen erzielt werden können. So sind für die in Dresden durch die FC-Flotte häufig befahrenen Netzelemente Ansprechzeiten von unter 6 Stunden zu verzeichnen. Dies ermöglicht ohne weiteres operative Reaktionen z. B. Warnhinweise auf Informationstafeln oder die Anpassung der kollektiven Zielführung an das spezifische Verkehrslagebild. Die Informationen können natürlich auch zur Anreicherung etablierter Informationsflüsse, wie die Versorgung der Landesmeldestelle für den Verkehrswarndienst – und so letztendlich die Speisung des gesprochenen Verkehrsfunks als auch des TMC – genutzt werden. Dem Anspruch, Sperrinformationen mit hoher räumlicher Präzision und exakter zeitlicher Einordnung abzuleiten, konnte Genüge getan werden.

Das entwickelte Verfahren wird als robust und leicht zu implementieren eingeschätzt. Es ist insbesondere dann aufwandsarm einzuführen, wenn die Daten eines bestehenden FC-Systems nachgenutzt werden können. D. h., die Erweiterung des Auswertungsspektrums in Verkehrsmanagementzentralen ist ausdrücklicher Nutzungsanspruch. Weiterhin liegen noch große Potentiale von FC-Flotten brach. Diese möglichen Mehrwerte sollten erschlossen werden. Die größten Anwendungsmöglichkeiten werden aber durch die Verfügbarkeit von Positionsdaten bei Smartphones gesehen. Nutzungen für die Navigation von Autofahrern, Radfahrern, als auch des öffentlichen Verkehrs sowie bei intermodalen Wegeketten erscheinen möglich.

## Literatur

[Ada12] *ADAC StauScanner für iPhone & Android*. ADAC. 2012. URL: www.adac.de. Stand 17.06.2013.

[Asm08] R. Asmundsdottir: „Dynamic OD matrix estimation using floating car data". MSc thesis. Delft: Technische Universität Delft, 2008.

[Bas13] *Baustelleninformationssystem des Bundes und der Länder*. Bundesanstalt für Straßenwesen. 2013. URL: www.bast.de. Stand 14.06.2013.

[Bro07] E. Brockfeld, B. Passfeld und P. Wagner: „Validating travel times calculated on the basis of taxi floating car data with test drives". In: *Proceedings of 14th ITS World Congress*. Peking, 9.–13. Okt. 2007.

[Bun00] „Rahmenrichtlinie für den Verkehrswarndienst". In: *Verkehrsblatt* 54.22 (2000). Hrsg. von Bundesministerium für Verkehrs, Bau und Stadtentwicklung, S. 642–646.

[DVB13] *Umleitungen wegen dringender Gleisreparatur auf der Kesselsdorfer Straße*. Dresdner Verkehrsbetriebe. Dresden. 2013. URL: http://www.dvb.de/push.aspx?s=downloads/News/588/pm_kesselsdorfer_stra_e.pdf. Pressemitteilung vom 27.02.2013.

[Els12] A. Elster: „DIANA II – Dynamic Information and Navigation Assistance". In: *1. MDM-Nutzerkonferenz*. Bergisch Gladbach, 14.–15. Nov. 2012.

[Fas13] U. Fastenrath. *Floating Car Data on a Larger Scale*. DDG Gesellschaft für Verkehrsdaten. Düsseldorf. 2013. URL: http://www.ddg.de/pdf-dat/ddgfcd.pdf. Stand 14.06.2013.

[Had08] Y. Hada, N. Kodama, T. Suzuki und K. Meguro: „Road Information Sharing Using Probe Vehicle Data in Disasters". In: *Proceedings of 14th World Conference on Earthquake Engineering*. Peking, 12.–17. Okt. 2008.

[Hal13] *Management- und Bearbeitungssystem für Baustellen und Sondernutzungen*. EDV – Dr. Haller & Co. GmbH. 2013. URL: www.edv-dr-haller.de. Stand 14.06.2013.

[Ham01] R. HAMERSLAG und H. TAALE: „Deriving Road Networks from Floating Car Data“. In: *Proceedings of 9th World Conference on Transport Research*. Soeul, 22.–27. Juli 2001.

[Ito06] H. ITO, Y. SUGA, T. HIGASHI und Y. ASAKURA: „Generating a Road Map Based on Location Positioning Data of Probe Vehicles“. In: *Proceedings of 11th IFAC Symposium on Control in Transportation Systems*. Bd. 11. 1. Delft, 29.–31. Aug. 2006, S. 567–572. DOI: 10.3182/20060829-3-NL-2908.00098.

[Jun13] D. JUNGHANS: „Analyse von Floating Car Daten zur vollautomatischen Identifikation von Baustellen und deren Wirkungen“. Projektarbeit Verkehrssteuerungstechnik und -leittechnik. Dresden: Technische Universität Dresden, 2013.

[Koh12] R. KOHLEN: „Verkehrsmanagement durch Information – Anforderungen an die Datengrundlagen, -verarbeitung und -verbreitung“. In: *Kolloquium Verkehrsmanagement und Verkehrstelematik*. Dresden, 2012.

[Kör08] M. KÖRNER: „Taxi Floating Car Daten für Dresden“. In: *Straßenverkehrstechnik* 10 (2008), 669ff.

[Kör09a] M. KÖRNER: „Precise online traffic conditions determination by interpretation of velocity curves“. In: *EasyWay VIKING Workshop „Best practices on monitoring deployment“*. Hafjell, Lillehammer, Norwegen, 13.–17. März 2009.

[Kör09b] M. KÖRNER, J. KRIMMLING und R. OERTEL: „Automatische vektorbezogene Generierung von Straßennetzabbildern auf Basis von Floating Car Data“. In: *Straßenverkehrstechnik* 5 (2009), S. 292–297.

[Kör11] M. KÖRNER: „Nutzungsmöglichkeiten von Floating Car Data zur Verkehrsflussoptimierung“. In: *Tagungsband zum Symposium und Fachmesse angewandte Geoinformatik AGIT*. Salzburg, 6.–8. Juli 2011.

[Kör12] M. KÖRNER: „Determination of turning rates using Floating Car Data“. In: *Proceedings of 19th ITS World Congress*. Wien, 22.–26. Okt. 2012.

[Kri10] J. KRIMMLING und M. KÖRNER: „Verkehrsdatenerfassung und -fusion als Grundlage für operative Straßenverkehrsmanagementsysteme“. In: *Tagungsband zum 11. Symposium Automatisierungs-, Assistenzsysteme und eingebettete Systeme für Transportmittel*. Braunschweig, 10.–11. Feb. 2010.

[LHD13a] *Baumaßnahmen auf öffentlichen Straßen in Dresden – Antrag auf Verkehrsrechtliche Anordnung nach §45 StVO*. Landeshauptstadt Dresden. 2013. URL: www.dresden.de. Stand 14.06.2013.

[LHD13b] *Baustart auf der Bautzner Straße nur für genehmigten Abschnitt*. Landeshauptstadt Dresden. 2013. URL: http://www.dresden.de/de/02/035/01/2013/02/pm_046.php. Pressemitteilung vom 19.02.2013.

[LHD13c] *Baustellen im Stadtgebiet*. Landeshauptstadt Düsseldorf. 2013. URL: www.duesseldorf.de. Stand 14.06.2013.

[LHD13d] *Infodienst "GeoDaten Dresden"*. Landeshauptstadt Dresden. 2013. URL: www.dresden.de. Stand 14.06.2013.

[LHD13e] *Straßenzug Borsbergstraße/Schandauer Straße wird erneuert*. Landeshauptstadt Dresden. 2013. URL: https://www.dresden.de/de/02/035/01/2013/03/pm_059.php. Pressemitteilung vom 15.03.2013.

[LHD13f] *Themenstadtplan – Verkehrsbehinderungen*. Landeshauptstadt Dresden. 2013. URL: www.dresden.de. Stand 14.06.2013.

[Lor03] S. LORKOWSKI, E. BROCKFELD, P. MIETH, B. PASSFELD, K.-U. THIESSENHUSEN und R.-P. SCHÄFER: „Erste Mobilitätsdienste auf Basis von "Floating Car Data"". In: *Tagungsband zum 4. Aachener Kollouium "Mobilität und Stadt"*. Bd. 75. Aachen, 2003, S. 93–100. ISBN: 3-88354-140-0.

[Mat11] R. MATUSCHOWITZ: „Konzipierung, Umsetzung und Test eines Verfahrens zur Aufbereitung Netzelement-bezogener Fahrprofile aus Floating Car Data". Studienarbeit. Dresden: Technische Universität Dresden, 2011.

[Nov12] *SPERRINFOSYS – Managementsystem für Verkehrsraumeinschränkungen*. Novasib GmbH. 2012. URL: www.novasib.de. Stand 14.06.2013.

[Öst05] Schutzrecht AT 413249 (15. Dez. 2005). ÖSTERREICHISCHES FORSCHUNGS- UND PRÜFZENTRUM ARSENAL: „Verfahren zur Ermittlung von Straßenkarten in digitaler Form".

[Ran12] L. RANDLEFF: „Distributed travel mode estimation". In: *Proceedings of 19th ITS World Congress*. Wien, 22.–26. Okt. 2012.

[Stv13] *Straßenverkehrs-Ordnung*. Bundesministerium für Verkehrs, Bau und Stadtentwicklung. 2013. URL: www.juris.de. Stand 14.06.2013.

[Tom13] *Route Planner*. tom tom. 2013. URL: routes.tomtom.com. Stand 14.06.2013.

[Vam13] *Verkehrs-Informations-System*. VAMOS Dresden. 2013. URL: www.vamosportal.de. Stand 14.06.2013.

[Ven12] T. van de VEN, E. de JONG, E. KOENDERS und G. VANVUGT: „Estimating and forecasting parking occupancy based on floating vehicle data". In: *Proceedings of 19th ITS World Congress*. Wien, 22.–26. Okt. 2012.

[VMZ12] *Routenplaner*. Verkehrsinformationszentrale Berlin. 2012. URL: www.vmz-info.de. Stand 14.06.2013.

*Korrespondierender Autor: Matthias Körner, Technische Universität Dresden, Fakultät Verkehrswissenschaften „Friedrich List", Telefon: +49 351 463-36768 E-Mail: matthias.koerner@tu-dresden.de*

# Weitere Veröffentlichungen im Jahr 2013

## Veröffentlichungen im Rahmen der 3. MT-ITS in Dresden

Die nachfolgenden Veröffentlichungen sind im separaten Konferenzband in dieser Reihe:

> Thomas Albrecht, Birgit Jaekel, Martin Lehnert (Eds.): Proceedings of the 3rd International Conference on Models and Technologies for Intelligent Transportation Systems 2013. Dresden : TUDpress, 2013. Reihe: Verkehrstelematik. Bd. 3. ISBN: 978-3-944331-34-8.

erschienen.

Torsten Schubert, Mario Krumnow, Bernard Bäker, Jürgen Krimmling: „Using Nanoscopic Simulations to validate the Benefit of Advanced Driver Assistance Systems in complex Traffic Scenarios“. S. 69–77.

Klaus-Peter Döge: „A Comparative Study of Shadow Models for Video-Based Traffic-State Analysis“. S. 181–189.

Christian Gassel, Jürgen Krimmling: „Effects of Cooperative Traffic Signals on Tramway Operation“. S. 301–310.

Birgit Jaekel, Thomas Albrecht: „Interfacing Conflict Resolution and Driver Advisory Systems in Railway Operations“. S. 333–343.

Anne Binder, Thomas Albrecht: „Timetable Evaluation and Optimization under Consideration of the Stochastical Influence of the Dwell Times“. S. 471–481.

## Weitere Veröffentlichungen

Thomas Albrecht, Anne Binder, Christian Gassel: „Applications of real-time speed control in rail-bound public transportation systems“. In: IET Intelligent Transport Systems 7.3 (2013), S. 305–314. DOI: 10.1049/iet-its.2011.0187.

# Professur für Verkehrsleitsysteme und -prozessautomatisierung

## Leiter der Professur

**Prof. Dr.-Ing. Jürgen Krimmling**
Telefon: +49 351 463-39750
E-Mail: Juergen.Krimmling@tu-dresden.de

Sekretariat:
Martina Zahr
Telefon: +49 351 463-36784
Telefax: +49 351 463-36785
E-Mail: Martina.Zahr@tu-dresden.de

Hausanschrift:
Hettnerstr. 3
01069 Dresden
Gerhart-Potthoff-Bau, Haus 2, Raum 57

Postanschrift:
TU Dresden
Fakultät für Verkehrswissenschaften „Friedrich List“
Institut für Verkehrstelematik
01062 Dresden

In den nachfolgenden Tabellen sind in der Spalte „Telefon“ nur die Apparatnummern der Mitarbeiter aufgeführt. Die Einwahl in das Netz der TU Dresden lautet +49 351 463 - und ist der Apparatnummer voranzustellen.

## Wissenschaftliche Mitarbeiter (Stand: Juni 2014)

| Name | Telefon | E-Mail |
|---|---|---|
| Dipl.-Ing. Anne Binder | 36764 | Anne.Binder@tu-dresden.de |
| Dipl.-Ing. Ralf Engelmann | 36768 | Ralf.Engelmann@tu-dresden.de |
| Dr.-Ing. Ralf Franke | 36754 | Ralf.Franke@tu-dresden.de |
| Dipl.-Ing. Dipl.-Swt. Sven Fröhlich | 36718 | Sven.Froehlich@tu-dresden.de |
| Dipl.-Ing. Christian Gassel | 36749 | Christian.Gassel@tu-dresden.de |
| Birgit Jaekel | 36786 | Birgit.Jaekel@tu-dresden.de |
| Dipl.-Ing. Andreas Kretschmer | 36826 | A.Kretschmer@tu-dresden.de |
| Dipl.-Ing. Matthias Körner | 36768 | Matthias.Koerner@tu-dresden.de |
| Dipl.-Ing. Mario Krumnow | 36780 | Mario.Krumnow@tu-dresden.de |
| Dr.-Ing. Martin Lehnert | 42536 | Martin.Lehnert@tu-dresden.de |
| Dipl.-Ing. Anja Liebscher | 36751 | Anja.Liebscher@tu-dresden.de |
| Dipl.-Ing. Tobias Matschek | 36723 | Tobias.Matschek@tu-dresden.de |
| Dipl.-Ing. Sebastian Pape | 36812 | Sebastian.Pape@tu-dresden.de |
| Dipl.-Medieninf. Jens Petermann | 36779 | Jens.Petermann@tu-dresden.de |
| Dipl.-Ing. Gunter Thiele | 36766 | Gunter.Thiele@tu-dresden.de |
| Dipl.-Ing. Astrid Schindelhauer | 36765 | Astrid.Schindelhauer@tu-dresden.de |
| **weitere, zwischenzeitlich ausgeschiedene wissenschaftliche Mitarbeiter:** | | |
| Dr.-Ing. Thomas Albrecht | | (bis April 2014) |
| Prof. Dr.-Ing. habil. Klaus-Peter Döge | | (bis Februar 2014) |
| Dipl.-Ing. Renatus Matuschowitz | | (bis Februar 2014) |
| Dipl.-Ing. Frank Thonig | | (bis Januar 2014) |

## Technische Mitarbeiter

| Name | Telefon | E-Mail |
|---|---|---|
| Lutz Buschmann | 36747 | Lutz.Buschmann@tu-dresden.de |
| Henning Jeske | 36778 | Henning.Jeske@tu-dresden.de |